21 世纪高职高专电子信息系列技能型规划教材

电子电路分析与调试

毛玉青　主编

北京大学出版社

PEKING UNIVERSITY PRESS

内 容 简 介

本书采用基于工作工程系统化的课程开发方法,以产品作为教学载体,培养学生电子元器件的选购、常用工具仪表、电路识读与安装及电路测试、故障分析与处理等职业技能。

全书共有 LED 小夜灯的制作与调试、简易消防应急灯的制作与调试、火灾报警器的制作与调试、无线话筒的制作与调试、四路数显抢答器的制作与调试、故障指示仪的设计与调试、简易流水彩灯的设计与调试、数字钟的设计与调试 8 个学习情境。 每个情境都包括"资讯、计划、决策、实施、检查、评价"6 个步骤。 内容深入浅出,主要培养学生的实际动手能力和岗位技能。

本书适合高等职业学校、成人高等院校、继续教育学院、中等职业学校等电子类专业教学使用,也可供技能型紧缺人才培养使用和相关技术人员参考。

图书在版编目(CIP)数据

电子电路分析与调试/毛玉青主编.—北京:北京大学出版社,2015.3

(21 世纪高职高专电子信息系列技能型规划教材)

ISBN 978-7-301-24765-5

Ⅰ.①电…　Ⅱ.①毛…　Ⅲ.①电子电路—电路分析—高等职业教育—教材②电子电路—调试方法—高等职业教育—教材　Ⅳ.①TN710

中国版本图书馆 CIP 数据核字(2014)第 204698 号

书　　　　名	电子电路分析与调试	
著作责任者	毛玉青　主编	
策 划 编 辑	邢　琛	
责 任 编 辑	黄红珍	
标 准 书 号	ISBN 978-7-301-24765-5	
出 版 发 行	北京大学出版社	
地　　　　址	北京市海淀区成府路 205 号　　100871	
网　　　　址	http://www.pup.cn　　新浪微博:@北京大学出版社	
电 子 信 箱	pup_6@163.com	
电　　　　话	邮购部 62752015　发行部 62750672　编辑部 62750667	
印 刷 者	北京虎彩文化传播有限公司	
经 销 者	新华书店	
	787 毫米×1092 毫米　16 开本　16.25 印张　374 千字	
	2015 年 3 月第 1 版　2022 年 8 月第 4 次印刷	
定　　　　价	45.00 元	

前　　言

本书是衢州职业技术学院校企合作开发课程建设的项目成果之一，是"电子电路分析与调试"课程的配套教材，结合企业调研及企业专家的经验指导，将传统的模拟电子技术、数字电子技术和高频电子技术进行整合，将实际产品电路重构成适合教学的电子电路，采用"基于工作工程系统化"的教学模式进行开发，在充分考虑课程知识结构与学生学习特点的基础上，开发了适合学生技能培养的教学情境，主要包括 LED 小夜灯的制作与调试、简易消防应急灯的制作与调试、火灾报警器的制作与调试、无线话筒的制作与调试、四路数显抢答器的制作与调试、故障指示仪的设计与调试、简易流水彩灯的设计与调试、数字钟的设计与调试 8 个情境。每个情境都包括"资讯、计划、决策、实施、检查、评价"6 个步骤。其中，LED 小夜灯、简易消防应急灯、火灾报警器和无线话筒这 4 个情境涵盖了二极管识别与检测、二极管整流电路、直流稳压电源基本组成电路、晶体管的识别与检测、晶体管放大电路的分析与调试、差动放大电路的分析与调试、功率放大电路的分析与调试、集成运放基础知识、电压比较器的分析与调试、反馈电路的分析与调试、高频振荡等模拟电路与高频电路部分的知识。四路数显抢答器、故障指示仪、简易流水彩灯、数字钟这 4 个情境涵盖了逻辑代数、逻辑门芯片、编码器、译码器、数据选择器与数据分配器、触发器、555 定时器、计数器等数字电路部分的知识。

本书最大的特点是把课程的知识点融入到真实电子产品的设计、制作与调试教学情境中，每个教学情境均为学生提供了参考电路方案，学生也可以根据情境的任务要求自行设计对应功能的电路。任务完成过程中，教师仅仅是组织者，学生的主体性和主动性得以充分体现，以便培养学生的自学能力、创新能力和可持续发展能力。

本书由浙江省衢州职业技术学院的毛玉青主编，衢州职业技术学院的吕舟老师参与了教材的校对工作。另外，合作中职衢江区职业中专于博为学习情境 1 学习载体提供了企业实际生产的产品模板电路。编者在本书的编写过程中还得到了浙江江山耀华消防设备有限公司、浙江开关厂、衢州三源汇能电子有限公司的指导与合作。

由于编者水平有限，对基于工作过程系统化课程开发的先进理念理解不够，书中难免有疏漏之处，敬请各位读者批评指正。

编　者
2014 年 11 月

目　　录

学习情境 1　LED 小夜灯的制作与调试 … 1

　课前预习 ……………………………………… 3
　任务 1.1　二极管的识别与测试 …………… 4
　任务 1.2　二极管整流电路的分析与
　　　　　　测试 ………………………………… 11
　任务 1.3　电容滤波电路的分析与测试 … 14
　任务 1.4　稳压管稳压电路的分析与
　　　　　　测试 ………………………………… 16
　综合任务　LED 小夜灯的分析制作与
　　　　　　调试 ………………………………… 20
　课后思考与练习 …………………………… 23

**学习情境 2　简易消防应急灯的制作与
　　　　　　调试** ……………………………… 27

　课前预习 …………………………………… 29
　任务 2.1　晶体管的识别与测试 ………… 29
　任务 2.2　晶体管基本放大电路的分析与
　　　　　　调试 ………………………………… 40
　综合任务　简易消防应急灯的分析制作与
　　　　　　调试 ………………………………… 54
　课后思考与练习 …………………………… 57

学习情境 3　火灾报警器的制作与调试 … 62

　课前预习 …………………………………… 64
　任务 3.1　集成运放差动输入级的分析与
　　　　　　调试 ………………………………… 65
　任务 3.2　集成运放中间级多级放大电路的
　　　　　　分析与调试 ………………………… 71
　任务 3.3　集成运放功放输出级的分析与
　　　　　　调试 ………………………………… 76
　任务 3.4　集成运放中的负反馈 ………… 82
　任务 3.5　集成运放基本特性及基本
　　　　　　应用电路分析与调试 ………… 88
　综合任务　火灾报警器的分析制作与
　　　　　　调试 ………………………………… 96

　课后思考与练习 …………………………… 100

学习情境 4　无线话筒的制作与调试 … 103

　课前预习 …………………………………… 105
　任务 4.1　振荡电路的分析与调试 …… 105
　任务 4.2　调频电路的分析与调试 …… 113
　综合任务　无线话筒的分析制作与调试 … 121
　课后思考与练习 …………………………… 124

**学习情境 5　四路数显抢答器的制作与
　　　　　　调试** ……………………………… 130

　课前预习 …………………………………… 132
　任务 5.1　逻辑代数与逻辑门基础知识 … 133
　任务 5.2　逻辑代数的化简 …………… 139
　任务 5.3　组合逻辑函数的分析与设计 … 146
　任务 5.4　数制与编码 ………………… 150
　任务 5.5　编码器的分析与测试 ……… 152
　任务 5.6　译码器逻辑功能的测试 …… 158
　综合任务　数显抢答器的分析制作与
　　　　　　调试 ………………………………… 168
　课后思考与练习 …………………………… 172

**学习情境 6　故障指示仪的设计与
　　　　　　调试** ……………………………… 175

　课前预习 …………………………………… 177
　任务 6.1　常用数据选择器的分析与
　　　　　　测试 ………………………………… 177
　任务 6.2　数据选择器实现逻辑函数 …… 182
　综合任务　故障指示仪的分析制作与
　　　　　　调试 ………………………………… 185
　课后思考与练习 …………………………… 189

**学习情境 7　简易流水彩灯的设计与
　　　　　　调试** ……………………………… 192

　课前预习 …………………………………… 194
　任务 7.1　触发器的识别与测试 ……… 194

任务 7.2　555 定时器的分析与应用 ······ 207

综合任务　八路流水彩灯电路的分析
　　　　　制作与调试 ·············· 213

课后思考与练习 ······················· 215

学习情境 8　数字钟的设计与调试 ········ 221

课前预习 ··························· 223

任务 8.1　时序逻辑电路的分析与设计 ······ 224

任务 8.2　计数器的识别与应用 ·········· 229

综合任务　数字钟的分析制作与调试 ······ 241

课后思考与练习 ······················· 244

参考文献 ························· 247

学习情境 1

LED 小夜灯的制作与调试

➤ 学习目标

能力目标：会用万用表判断二极管引脚极性及质量；会测试二极管伏安特性曲线；会分析测试直流稳压电源基本组成电路中的整流、滤波、稳压管稳压电路；能设计并调试 LED 小夜灯。

知识目标：熟悉二极管的基本特性，掌握整流、滤波、稳压管稳压电路的工作原理。

➤ 学习情境背景

近年来，大家在市场上能发现形形色色漂亮的 LED 小夜灯，它们不仅造型别致，而且耗电量小，价格也便宜，体积小巧便于携带，光线柔和，因此受到了大家的青睐，尤其受到广大年轻朋友的喜爱，无论在学校寝室，还是在个人卧室，或是新生宝宝的房间里，LED 小夜灯被广泛使用，如图 1.1 所示。本课程开发的 LED 小夜灯电路原理如图 1.2 所示，它主要由电容降压电路、桥式整流电路、电容滤波电路构成直流稳压电源供 LED 等照明使用。

图 1.1 实际生产的 LED 小夜灯

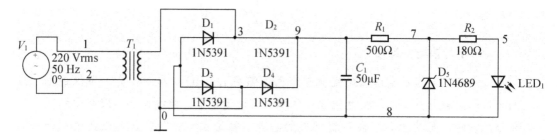

图 1.2 LED 小夜灯原理图

学习情境组织

本学习情境中 LED 小夜灯的电路原理图主要由基本稳压电源组成，根据电路的结构组成，将本学习情境分为 4 个单元电路的分析与调试和一个综合实训，具体内容组织见表 1-1。

表 1-1 学习情境 1 内容组织

学习情境 1：LED 小夜灯的制作与调试			
	比值	子任务	得分
小夜灯单元电路的分析与调试	30	任务 1.1 二极管的识别与测试	
		任务 1.2 二极管整流电路的分析与测试	
		任务 1.3 电容滤波电路的分析与测试	
		任务 1.4 稳压管稳压电路的分析与测试	

续表

学习情境 1：LED 小夜灯的制作与调试

		比值	子任务	得分
小夜灯整机电路分析设计与调试	资讯	15	能尽可能全面地收集与学习情境相关的信息	
	决策计划	5	决策方案切实可行、实施计划周详实用	
	实施	25	掌握电路的分析、设计、组装调试等技能	
	检查	5	能正确分析故障原因并排除故障	
	评价	5	能对成果做出合理的评价	
	设计报告	10	撰写规范的设计报告	
学习态度		5	学习态度好，组织协调能力强，能组织本组进行积极讨论并及时分享自己的成果，能主动帮助其他同学完成任务	

课 前 预 习

1. 什么是本征半导体？
2. 常见的两种本征半导体是什么元素？
3. 什么是杂质半导体？
4. 根据掺入杂质的性质不同，杂质半导体分为哪两类？
5. N 型和 P 型半导体的区别是什么？
6. 什么是 PN 结？PN 结具有什么性质？
7. PN 结的正偏及反偏各指什么？
8. 二极管内部的结构是怎样的？
9. 什么是二极管的单向导电性？
10. 二极管的温度特性是怎样的？
11. 二极管的主要参数有哪些？
12. 普通二极管型号的命名方法是怎样的？
13. 什么是稳压管？给出稳压管的图形符号。
14. 稳压管的主要参数有哪些？各自的含义是什么？
15. 稳压管的伏安特性是怎样的？
16. 稳压管稳压电路的主要指标有哪些？

任务 1.1　二极管的识别与测试

1.1.1　半导体与 PN 结

自然界中的物质按其导电能力可分为导体、半导体和绝缘体。半导体可分为本征半导体和杂质半导体。

1. 关于半导体的几个概念

载流子：可以运动的带电粒子。
自由电子：可以自由移动的电子。
束缚电子：共价键内由相邻原子各用一个价电子组成的两个电子。
空穴：束缚电子脱离共价键成为自由电子后，在原来的位置留有一个空位，称此空位为空穴。

2. 本征半导体

完全纯净的、结构完整的半导体称为本征半导体，常见的有硅和锗半导体。本征半导体中存在数量相等的两种载流子，即带负电的自由电子和带正电的空穴，它们都可以运载电荷形成电流。

3. 杂质半导体

在本征半导体中加入微量杂质，使其导电性能显著改变的半导体称为杂志半导体。根据掺入杂质的性质不同，杂质半导体分为两类：电子型（N 型）半导体和空穴型（P 型）半导体。在杂质半导体中，多数载流子的浓度主要取决于掺入的杂质浓度；而少数载流子的浓度主要取决于温度。无论是 N 型或 P 型半导体，从总体上看，仍然保持着电中性。

1）N 型半导体

在硅（或锗）半导体晶体中，掺入微量的五价元素，如磷（P）、砷（As）等，则构成 N 型半导体。五价的元素具有 5 个价电子，它们进入由硅（或锗）组成的半导体晶体中，五价的原子取代四价的硅（或锗）原子，在与相邻的硅（或锗）原子组成共价键时，因为多一个价电子不受共价键的束缚，很容易成为自由电子，于是半导体中自由电子的数目大量增加。自由电子参与导电移动后，在原来的位置留下一个不能移动的正离子，半导体仍然呈现电中性，但与此同时没有相应的空穴产生。

结论：N 型半导体中，自由电子为多数载流子（多子，主要由掺杂形成），空穴为少数载流子（少子，本征激发形成）。N 型半导体主要靠自由电子导电。

2）P 型半导体

在硅（或锗）半导体晶体中，掺入微量的三价元素，如硼（B）、铟（In）等，则构成 P 型半导体。三价的元素只有 3 个价电子，在与相邻的硅(或锗)原子组成共价键时，由于缺少一个价电子，在晶体中便产生一个空位，邻近的束缚电子如果获取足够的能量，有可能填补这个空位，使原子成为一个不能移动的负离子，半导体仍然呈现电中性，但与此同时没有相应的自由电子产生。

结论：P 型半导体中，空穴为多数载流子(多子，主要由掺杂形成)，自由电子为少数载流子(少子，本征激发形成)。P 型半导体主要靠空穴导电。

4. PN 结的形成

1) 扩散运动

多数载流子因浓度上的差异而引起载流子由浓度高的地方向浓度低的地方迁移的过程。

2) 空间电荷区

由于空穴和自由电子均是带电的粒子，所以扩散的结果使 P 区和 N 区原来的电中性被破坏，在交界面的两侧形成一个不能移动的带异性电荷的离子层，称此离子层为空间电荷区。

3) 漂移运动

空间电荷区出现后，因为正负电荷的作用，将产生一个从 N 区指向 P 区的内电场。内电场的方向会对多数载流子的扩散运动起阻碍作用。同时，内电场可推动少数载流子(P 区的自由电子和 N 区的空穴)越过空间电荷区，进入对方。少数载流子在内电场作用下有规则地运动，称为漂移运动。

4) PN 结的形成

漂移运动和扩散运动的方向相反，最终达到动态平衡，$I_扩 = I_漂$，空间电荷区的宽度达到稳定，即形成 PN 结。利用一定的掺杂工艺使一块半导体的一侧呈 P 型，另一侧呈 N 型，则其交界处就可形成 PN 结。

5. PN 结的单向导电性

PN 结的单向导电性是指 PN 结外加正向电压时具有较大的正向扩散电流处于导通状态，外加反向电压时具有很小的反向漂移电流处于截止状态。

1) PN 结外加正向电压

PN 结 P 端接高电位，N 端接低电位，称 PN 结外加正向电压，又称 PN 结正向偏置，简称为正偏。

2) PN 结外加反向电压

PN 结 P 端接低电位，N 端接高电位，称 PN 结外加反向电压，又称 PN 结反向偏置，简称为反偏。

1.1.2　二极管结构

二极管是由一个二极管外加两根引脚封装而成的，二极管结构符号如图 1.3 所示。

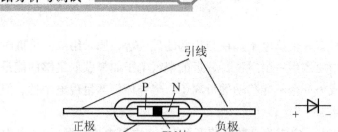

图 1.3　二极管结构符号示意图

1. 普通二极管型号的命名方法

国产二极管的型号命名分为 5 个部分：第一部分用数字 "2" 表示二极管的电极数目；第二部分用字母表示二极管的材料与极性；第三部分用字母表示二极管的类别；第四部分用数字表示序号；第五部分用字母表示二极管的规格号。表 1-2 为国产二极管型号命名方法。

表 1-2　国产二极管的型号命名方法

第一部分		第二部分		第三部分		第四部分	第五部分
用数字表示二极管的电极数目		用字母表示二极管的材料和极性		用字母表示二极管的类别		用数字表示序号	用字母表示二极管规格号
符号	意义	符号	意义	符号	意义		
2	二极管	A	N 型，锗材料	P	普通管		
		B	P 型，锗材料	V	微波管		
		C	N 型，硅材料	W	稳压管		
		D	P 型，硅材料	C	参量管		

2. 普通二极管的识别与测试

1）极性的判别

将指针万用表置于 R×100 挡或 R×1k 挡，两表笔分别接二极管的两个电极，测出一个结果后，对调两表笔，再测出一个结果。两次测量的结果中，有一次测量出的阻值较大（为反向电阻），一次测量出的阻值较小（为正向电阻）。在阻值较小的一次测量中，黑表笔接的是二极管的正极，红表笔接的是二极管的负极。

将数字万用表拨至 "二极管、蜂鸣" 挡，红表笔对黑表笔有 +2.8V 的电压，此时数字万用表显示的是所测二极管的压降（单位为 mV）。正常情况下，正向测量时压降为 300～700，反向测量时为溢出 "1"。若正反测量均显示 "000"，说明二极管短路；正向测量显示溢出 "1"，说明二极管开路（某些硅堆正向压降有可能显示溢出）。另外，此法可用来辨别硅管和锗管。若正向测量的压降范围为500~800，则所测二极管为硅管；若压降范围为150~300，则所测二极管为锗管。

2）单向导电性能的检测及好坏的判断

通常，锗材料二极管的正向电阻值为1kΩ左右，反向电阻值为300kΩ左右。硅材料二极管的正向电阻值为5kΩ左右，反向电阻值为∞（无穷大）。正向电阻越小越好，反向电阻越大越好。正、反向电阻值相差越悬殊，说明二极管的单向导电特性越好。

若测得二极管的正、反向电阻值均接近0或阻值较小，则说明该二极管内部已击穿短路或漏电损坏。若测得二极管的正、反向电阻值均为无穷大，则说明该二极管已开路损坏。

3）反向击穿电压的检测

二极管反向击穿电压（耐压值）可以用晶体管直流参数测试表测量。其方法是：测量二极管时，应将测试表的"NPN/PNP"选择键设置为NPN状态，再将被测二极管的正极接测试表的"C"插孔内，负极插入测试表的"e"插孔，然后按下"V"键，测试表即可指示出二极管的反向击穿电压值。

也可用兆欧表和万用表来测量二极管的反向击穿电压，测量时被测二极管的负极与兆欧表的正极相接，将二极管的正极与兆欧表的负极相连，同时用万用表（置于合适的直流电压挡）监测二极管两端的电压。摇动兆欧表手柄（应由慢逐渐加快），待二极管两端电压稳定且不再上升时，此电压值即是二极管的反向击穿电压。

3. 发光二极管的识别与检测

发光二极管英文缩写是LED。管子正向导通，当导通电流足够大时，能把电能直接转换为光能，从而发光。目前发光二极管的颜色有红、黄、橙、绿、白和蓝6种，所发光的颜色主要取决于制作管子的材料。发光二极管工作时导通电压比普通二极管大，其工作电压随材料的不同而不同，一般为1.7~2.4V。普通绿、黄、红、橙色发光二极管工作电压约为2V；白色发光二极管的工作电压通常高于2.4V；蓝色发光二极管的工作电压一般高于3.3V。发光二极管的工作电流一般在2~25mA的范围。

1）单色发光二极管的检测

（1）目测极性。判别红外发光二极管的正、负电极。红外发光二极管有两个引脚，通常长引脚为正极，短引脚为负极。因红外发光二极管呈透明状，所以管壳内的电极清晰可见，内部电极较宽较大的一个为负极，而较窄且小的一个为正极。

（2）用指针式万用表检测极性。在万用表外部附接一节1.5V干电池，将万用表置R×10挡或R×100挡。这种接法就相当于给万用表串接上了1.5V电压，使检测电压增加至3V（发光二极管的开启电压为2V）。检测时，用万用表两表笔轮换接触发光二极管的两引脚。若管子性能良好，必定有一次能正常发光，此时，黑表笔所接的为正极，红表笔所接的为负极。

2）红外发光二极管的检测

将万用表置于R×1k挡，测量红外发光二极管的正、反向电阻。通常，正向电阻应在30kΩ左右，反向电阻要在500kΩ以上，这样的管子才可正常使用。要求反向电阻越大越好。

3）红外接收二极管的检测

红外接收二极管也称光敏二极管，它是一种光接收器件，其 PN 结工作在反偏状态，可以将光能转换为电能，实现光电转换。

（1）识别引脚极性。

① 目测（从外观上识别）。常见的红外接收二极管外观颜色呈黑色。识别引脚时，面对受光窗口，从左至右，分别为正极和负极。另外，在红外接收二极管的管体顶端有一个小斜切平面，通常带有此斜切平面一端的引脚为负极，另一端为正极。

② 用万用表检测（指针式）。将万用表置于 R×1k 挡，用来判别普通二极管正、负电极的方法进行检查，即交换红、黑表笔两次测量管子两引脚间的电阻值，正常时，所得阻值应为一大一小。以阻值较小的一次为准，红表笔所接的引脚为负极，黑表笔所接的引脚为正极。

（2）检测性能好坏。用万用表电阻挡测量红外接收二极管正、反向电阻，根据正、反向电阻值的大小，即可初步判定红外接收二极管的好坏。

1.1.3　二极管的伏安特性

1. 正向特性

二极管外加正向电压时，电流和电压的关系称为二极管的正向特性，如图 1.4 所示，当二极管所加正向电压比较小时（$0<U<U_{th}$），二极管上流经的电流为 0，管子仍截止，此区域称为死区，U_{th} 称为死区电压（门槛电压）。硅二极管的死区电压约为 0.5V，锗二极管的死区电压约为 0.1V。当二极管所加正向电压大于死区电压时，二极管正向导通。

2. 反向特性

二极管外加反向电压时，电流和电压的关系称为二极管的反向特性。如图 1.4 所示，当二极管外加反向电压时，反向电流很小（$I\approx -I_S$），而且在相当宽的反向电压范围内，反向电流几乎不变，因此，称此电流值为二极管的反向饱和电流。

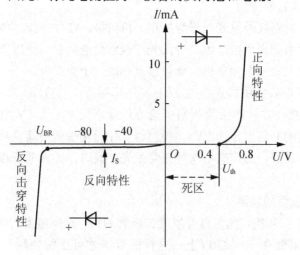

图 1.4　二极管特性曲线

3. 反向击穿特性

当反向电压的值增大到U_{BR}时，反向电压值稍有增大，反向电流会急剧增大，称此现象为反向击穿，U_{BR}为反向击穿电压。

4. 温度特性

二极管是对温度非常敏感的器件。实验表明，随温度升高，二极管的正向压降会减小，正向伏安特性左移，即二极管的正向压降具有负的温度系数(约为$-2mV/℃$)；温度升高，反向饱和电流会增大，反向伏安特性下移，温度每升高$10℃$，反向电流大约增加一倍。图1.5所示为温度对二极管伏安特性的影响。

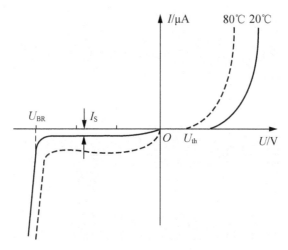

图1.5　二极管温度特性曲线

1.1.4　二极管的主要参数

(1) 最大整流电流I_F：二极管长期连续工作时，允许通过二极管的最大正向电流的平均值。

(2) 反向击穿电压U_{BR}：二极管击穿时的电压值。击穿时反向电流剧增，二极管的单向导电性被破坏，甚至过热而烧坏。最高反向工作电压U_R一般是U_{BR}的一半。

(3) 反向饱和电流I_S：管子没有击穿时的反向电流值。其值愈小，说明二极管的单向导电性愈好。

动手做做看

1. 用万用表判断二极管引脚极性及质量

(1) 取一只普通二极管，将指针万用表两表笔分别接在二极管的两个引线上，测出电阻值；然后对换两表笔，再测出一个阻值，把以上测量数据记录在表1－3中，并根据测量结果判断二极管的引脚极性及质量。

表 1-3　二极管正、反向电阻

万用表挡位	电阻值 1	电阻值 2	二极管引脚极性	二极管质量情况
×100				

（2）取一只普通二极管，将数字万用表两表笔分别接在二极管的两个引线上，测出二极管的电压值，根据电压值判断被测二极管的材料，将测量结果记入表 1-4，根据测量结果判断二极管的引脚极性与材料，并将实际测量过程拍照后附在后面。

表 1-4　二极管引脚极性与材料

二极管正向电压值	引脚极性	材　料

2. 测试二极管的伏安特性

（1）按图 1.6 连接电路。

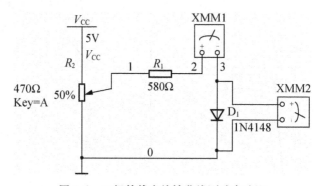

图 1.6　二极管伏安特性曲线测试电路图

（2）调节电位器，测量二极管两端电压 U_D 为表 1-5 中数值时，流过二极管的对应电流 I_D，将结果记录于表 1-5 中。

（3）将电源正负极互换，测量二极管两端电压为表 1-6 中数值时，流过二极管的对应电流 I_D，将结果记录于表 1-6 中。

（4）根据表 1-5、表 1-6 中测得的数据，描绘出二极管的伏安特性曲线。

（5）在步骤（4）基础上将 V_{CC} 改成 500V，通过调节滑动变阻器，测出二极管两端电压 U_D 为表 1-7 中的数值时对应的电流值填入表 1-7 中。

表 1-5　二极管正向特性测试结果

U_D/V	0.00	0.10	0.20	0.30	0.40	0.45	0.50	0.55	0.60	0.65	0.70
I_D/mA											

表 1-6　二极管反向特性测试结果

U_D/V	−1.00	−2.00	−3.00	−4.00	−5.00
I_D/mA					

表 1-7　二极管反向击穿特性测试结果

U_D/V	-80.20	-80.30	-80.70
I_D/mA			

任务 1.2　二极管整流电路的分析与测试

1.2.1　单相半波整流电路

单相半波整流电路如图 1.7 所示，$u_2>0$ 时，二极管导通。忽略二极管正向压降：$u_o=u_2$，$u_2<0$ 时，二极管截止，输出电流为 0，$u_o=0$。

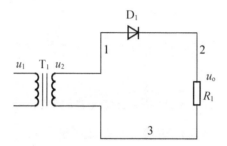

图 1.7　单相半波整流电路

（1）输出电压波形如图 1.8 所示。

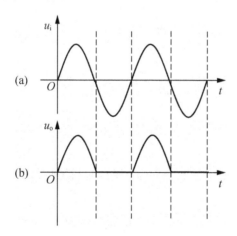

图 1.8　单相半波整流电路输入输出波形

（2）二极管上的平均电流：

$$I_D=\frac{U_o}{R_L}$$

（3）二极管承受的最高电压：

$$U_{RM}=\sqrt{2}U_2$$

（4）输出电压平均值：

$$U_o=\frac{1}{2\pi}\int_0^{2\pi}u_o\mathrm{d}(\omega t)=\frac{\sqrt{2}U_2}{\pi}=0.45U_2$$

（5）二极管的选择：二极管的最大整流电流 I_F 必须大于实际流过二极管的平均电流 I_D；二极管的最大反向工作电压 U_R 必须大于二极管实际所承受的最大反向峰值电压 U_{RM}。

1.2.2　单相桥式整流

单相桥式整流电路及其波形图，如图1.9所示。

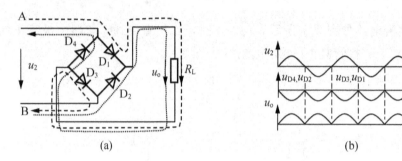

图 1.9　单相桥式整流电路及其波形图

$u_2>0$ 时，D_1，D_3 导通，D_2，D_4 截止，电流通路：A → D_1→R_L→D_3→B。

$u_2<0$ 时，D_2，D_4 导通，D_1，D_3 截止，电流通路：B → D_2→R_L→D_4→A。

单相桥式整流电路的主要参数：

（1）整流输出电压平均值(U_o)和脉动系数 S：整流输出电压的平均值 U_o 和输出电压的脉动系数 S 是衡量整流电路性能的两个主要指标。

全波整流时，负载电压 U_o 的平均值为

$$U_o=\frac{1}{2\pi}\int_0^{2\pi}u_o\mathrm{d}(\omega t)=0.9U_2$$

负载上的（平均）电流

$$I_L=\frac{0.9U_2}{R_L}$$

脉动系数 S 是指整流输出电压的基波峰值 U_{o1m} 与平均值 U_o 之比。用傅里叶级数对全波整流的输出 u_o 分解后可得

$$S=\frac{U_{o1m}}{U_o}=\frac{\frac{4\sqrt{2}U_2}{3\pi}}{\frac{2\sqrt{2}U_2}{\pi}}=\frac{2}{3}\approx0.67$$

（2）平均电流与反向峰值电压：平均电流(I_D)与反向峰值电压(U_{RM})是选择整流管的主要依据。在桥式整流电路中，每个二极管只有半周导通。因此，流过每只整流二极管的平均电流 I_D 是负载平均电流的一半，即

$$I_D = \frac{1}{2} I_o = 0.45 \frac{U_2}{R_L}$$

二极管截止时两端承受的最大反向电压

$$U_{RM} = \sqrt{2} U_2$$

（3）二极管的选择：二极管的最大整流电流 I_F 必须大于实际流过二极管的平均电流 I_D；二极管的最大反向工作电压 U_R 必须大于二极管实际所承受的最大反向峰值电压 U_{RM}。

动手做做看

1. 分析并调试二极管单相半波整流电路：在 Multisim 10 仿真软件中搭建单相半波整流电路如图 1.10 所示，用双踪示波器同时观察电路的输入输出波形，把观测到的波形图画入表 1-8 中，分析电路的工作原理。

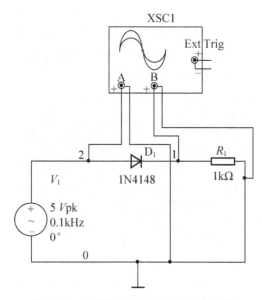

图 1.10　单相半波整流仿真调试电路图

表 1-8　二极管单相半波整流电路测试结果

测试电路	输入波形	输出波形	电路工作原理
单相半波			

2. 分析测试二极管单相桥式整流电路：在 Multisim 10 仿真软件中搭建单相桥式整流电路，如图 1.11 所示，用双踪示波器同时观察电路的输入输出波形，把观测到的波形图画入表 1-9 中，分析电路的工作原理。

表 1-9　二极管单相桥式整流电路测试结果

测试电路	输入波形	输出波形	电路工作原理
单相桥式			

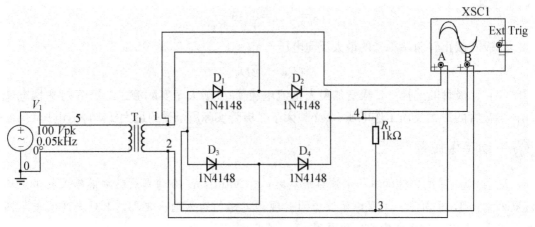

图 1.11　单相桥式整流仿真调试电路图

任务 1.3　电容滤波电路的分析与测试

滤波电路把脉动的直流电压转换成直流电压。滤波电路的结构特点是：电容与负载 R_L 并联，或电感与负载 R_L 串联。原理是：利用储能元件电容两端的电压(或通过电感中的电流)不能突变的特性，滤掉整流电路输出电压中的交流成分，保留其直流成分，达到平滑输出电压波形的目的。电容是一个能储存电荷的元件。有了电荷，两极板之间就有电压 $U_C = Q/C$。在电容量不变时，要改变两端电压就必须改变两端电荷，而电荷改变的速度，取决于充放电时间常数。时间常数越大，电荷改变得越慢，则电压变化也越慢，即交流分量越小，也就"滤除"了交流分量。

桥式全波整流电容滤波

桥式全波整流电容滤波电路图及电压电流的波形关系如图 1.12 所示。

(1) 原理分析：假定在 $t = 0$ 时接通电路，u_2 为正半周，当 u_2 由零上升时，D_1、D_3 导通，C 被充电，因此 $u_o = u_C \approx u_2$，在 u_2 达到最大值时，u_o 也达到最大值，如图 1.12 中 a 点，然后 u_2 下降，此时 $u_C > u_2$，D_1、D_3 截止，电容 C 向负载电阻 R_L 放电，由于放电时间常数 $\tau = R_L C$ 一般较大，电容电压 u_C 按指数规律缓慢下降。当 $u_o(u_C)$ 下降到图 1.12 中 b 点后，$u_2 > u_C$，D_2、D_4 导通，电容 C 再次被充电，输出电压增大，以后重复上述充、放电过程。

(2) 电容滤波电路的特点。输出电压 u_o 与放电时间常数 $R_L C$ 有关，$R_L C$ 越大，电容器放电越慢，u_o (平均值)越大，一般取 $\tau = R_L C \geqslant (3-5)\dfrac{T}{2}$ (T 是电源电压的周期)，正常有载状态：$u_o = 1.2u_2$，空载时：$u_o = 1.4u_2$

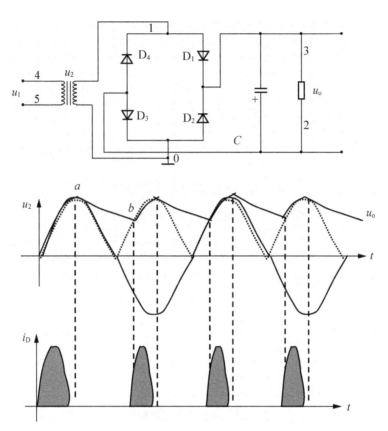

图 1.12 桥式整流电容滤波电路及电压电流波形

流过二极管瞬时电流很大。$R_L C$ 越大，u_o 越高，负载电流的平均值越大；整流管导电时间越短，i_D 的峰值电流越大，故一般选管时，取

$$I_{DF} = (2 \sim 3)\frac{I_L}{2} = (2 \sim 3)\frac{1}{2}\frac{U_o}{R_L}$$

电容滤波电路适用于输出电压较高，负载电流较小且负载变动不大的场合。

例1-1 电路如图 1.12 所示，$u_2 = 20V$ 测得输出负载上的电压出现 $u_o = 28V$，$u_o = 24V$ 两种情况时，说明电路处于何种状态。

解： 当 $u_o = 28V$ 时，$u_o = 1.4u_2$，所以电路处于空载状态。当 $u_o = 24V$ 时，$u_o = 1.2u_2$，所以电路处于正常有载状态。

动手做做看

1. 分析并调试全波整流电容滤波电路：在 Multisim 10 仿真软件中搭建电容滤波电路如图 1.13 所示，用双踪示波器同时观察电路的输入输出波形，把观测到的波形图画入表 1-10 中，分析电路的工作原理。

2. 设计一个桥式整流滤波电路，已知变压器原边电压 u_1 是 50Hz，220V 交流电源，负载输出电压为 30V，负载电流 50mA，计算电源变压器副边电压 u_2 的有效值，并选择合适的整流二极管及滤波电容。设计电路如图 1.14 所示。

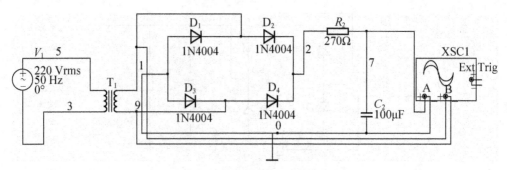

图 1.13　电容滤波仿真调试电路图

表 1-10　全波整流电容滤波电路测试结果

测试电路	输入波形	输出波形	电路工作原理
电容滤波			

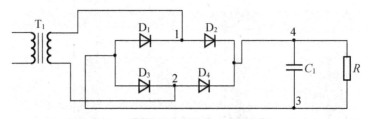

图 1.14　桥式整流滤波电路

任务 1.4　稳压管稳压电路的分析与测试

1.4.1　稳压二极管的识别与检测

稳压二极管又名齐纳二极管，简称稳压管，是一种用特殊工艺制作的面接触型硅半导体二极管，这种管子的杂质浓度比较大，容易发生击穿，其击穿时的电压基本上不随电流的变化而变化，从而达到稳压的目的。稳压管工作于反向击穿区。稳压二极管的伏安特性如图 1.15 所示。

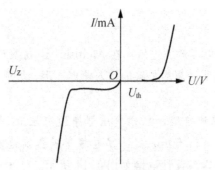

图 1.15　稳压二极管的伏安特性

1．稳压管主要参数

1）稳定电压 U_Z

指当稳压管中的电流为规定值时，稳压管在电路中其两端产生的稳定电压值。

2）稳定电流 I_Z

指稳压管工作在稳压状态时，稳压管中流过的电流，有最小稳定电流 I_{Zmin} 和最大稳定电流 I_{Zmax} 之分。

3）耗散功率 P_M

指稳压管正常工作时，管子上允许的最大耗散功率。

2．判别稳压二极管的极性

1）目测（从外形上看）

金属封装稳压二极管管体的正极一端为平面形，负极一端为半圆面形。塑封稳压二极管管体上印有彩色标记的一端为负极，另一端为正极。

2）用万用表检测（指针式）

测量的方法与普通二极管相同，即用万用表 R×1k 挡，将两表笔分别接稳压二极管的两个电极，测出一个结果后，再对调两表笔进行测量。在两次测量结果中，阻值较小那一次，黑表笔接的是稳压二极管的正极，红表笔接的是稳压二极管的负极。

判别稳压二极管的好坏。若测得稳压二极管的正、反向电阻均很小或均为无穷大，则说明该二极管已击穿或开路损坏。

3．稳压值的测量

好的稳压管还要有个准确的稳压值，业余条件下怎么估测出这个稳压值呢？不难，再去找一块指针表来就可以了。方法是：先将一块表置于 R×10k 挡，其黑、红表笔分别接在稳压管的阴极和阳极，这时就模拟出稳压管的实际工作状态，再取另一块表置于电压挡 V×10V 或 V×50V（根据稳压值选量程）上，将红、黑表笔分别搭接到刚才那块表的的黑、红表笔上，这时测出的电压值就基本上是这个稳压管的稳压值。这是因为第一块表对稳压管的偏置电流相对正常使用时的偏置电流稍小些，所以测出的稳压值会稍偏大一点，但基本相差不大。

这个方法只可估测稳压值小于指针表高压电池电压的稳压管。如果稳压管的稳压值太高，就只能用外加电源的方法来测量了（这样看来，大家在选用指针表时，选用高压电池电压为 15V 的要比 9V 的更适用些）。用万用表检测稳压二极管外形与普通二极管相似，极性判断方法与普通二极管相同。

1.4.2　稳压管稳压电路分析与设计

1．稳压管的工作原理

电路原理图如图 1.16 所示。

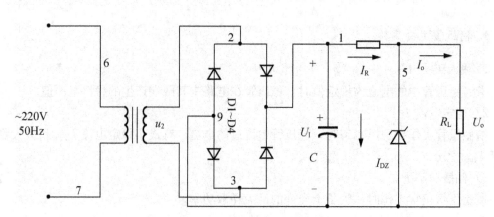

图 1.16 稳压管工作电路图

由于 $U_I = U_R + U_o$，$I_R = I_{DZ} + I_L$，图 1.16 电路的输入电压和输出电压变化趋势如下。

电网电压

$$\uparrow \to U_I \uparrow \to U_o \uparrow (U_Z) \uparrow \to I_{DZ} \uparrow \to I_R \uparrow \to U_R \uparrow \to U_o \downarrow$$

若 $\Delta U_I \approx \Delta U_R$，则 U_o 基本不变。利用 R 上的电压变化补偿 U_I 的波动。

$$\begin{cases} R_L \downarrow \to U_o \downarrow (U_Z \downarrow) \to I_{DZ} \downarrow \to I_R \downarrow \\ R_L \downarrow \to I_L \uparrow \to I_R \uparrow \end{cases}$$

若 $\Delta I_{DZ} \approx -\Delta I_L$，则 U_R 基本不变，U_o 也就基本不变。利用 I_{DZ} 的变化来补偿 I_L 的变化。

2. 稳压管稳压电路的主要指标

（1）输出电压：

$$U_o = U_Z$$

（2）输出电流：

$$I_{Zmax} - I_{Zmin} \leqslant I_{ZM} - I_Z$$

（3）稳压系数：

$$S_r = \frac{\Delta U_o}{\Delta U_I} \cdot \frac{U_I}{U_o} \mid R_L = \frac{r_z \parallel R_L}{R + r_z \parallel R_L} \cdot \frac{U_I}{U_o} \approx \frac{r_z}{R} \cdot \frac{U_I}{U_o}$$

（4）输出电阻：

$$R_o = r_z \parallel R \approx r_z$$

3. 稳压管稳压电路设计

（1）U_I 的选择：

$$U_I = (2 \sim 3) U_Z$$

（2）稳压管的选择：

$$U_Z = U_o，\ I_{Zmax} = (1.5 \sim 3) I_{Lmax}$$

（3）限流电阻的选择：

$$\frac{U_{Imax} - U_Z}{I_Z (+I_{Lmin})} < R < \frac{U_{Imin} - U_Z}{I_Z + I_{Lmax}}$$

注：一般情况下，在稳压管安全工作条件下，R 应尽可能小，从而使输出电流范围增大。

动手做做看

1. 分析调试稳压管稳压电路：在 Multisim 10 仿真软件中搭建如电路图 1.17 所示（1N4740A，$U_Z = 10\text{V}$）。

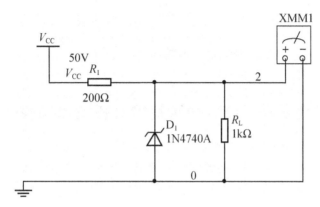

图 1.17 稳压管稳压电路仿真调试电路图

（1）按表 1-11 要求改变输入电压值测出不同输入电压下对应的输出电压值将测试结果填入表 1-11 中。

表 1-11 稳压管稳压电路输入输出电压

u_i/V	50	30	25	20	15	10	5	1
u_o/V								
1N4740A 的稳压值								

（2）按表 1-12 要求改变负载电阻，测出不同负载情况下对应的输出电压将测试结果填入表 1-12 中。

表 1-12 稳压管电路输出电压随负载电阻的变化

R_l/Ω	5000	1000	200	50	20	10
u_o/V						

（3）根据表 1-11 和表 1-12 的测量结果，分析稳压管 1N4740A 的稳压值，观察当稳压管工作在稳压状态时，如果电路中输入电压或负载电阻发生改变，电路的输出电压是否仍保持稳定。

2. 图 1.18 所示硅稳压管稳压电路中，设稳压管的 $U_Z = 6\text{V}$，$I_{Z\max} = 40\text{mA}$，$I_{Z\min} = 5\text{mA}$，$U_{I\max} = 15\text{V}$，$U_{I\min} = 12\text{V}$；$R_{L\max} = 600\Omega$，$R_{L\min} = 300\Omega$。给定当 I_Z 由 $I_{Z\max}$ 变到 $I_{Z\min}$，U_Z 的变化量为 0.35V。

（1）试选择限流电阻 R。

（2）估算在上述条件下的输出电阻和稳压系数。

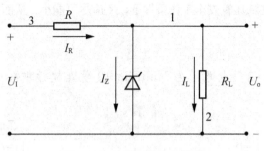

图 1.18　硅稳压管稳压电路

综合任务　LED 小夜灯的分析制作与调试

任务 1.1 至任务 1.4 完成了学习情境 1 所需单元电路知识的学习与技能训练，在本环节要求同学们根据以表 1-13～表 1-15 提供的资讯单、决策计划单、实施单完成 LED 小夜灯的分析制作与调试。

表 1-13　LED 小夜灯的分析制作与调试资讯单

资讯单		
班级姓名学号		得分	
二极管的分类与特性			
二极管桥式整流电路及其电路参数			
电容滤波电路及其参数			
稳压管稳压电路及其参数特性			

表 1-14　LED 小夜灯的分析制作与调试决策计划单

决策计划单	
班级学号姓名	得分
电路设计思路	首先，市电正常工作时，220V、50Hz 的交流电经变压器降压并经整流滤波电路整流滤波成较稳定的脉动电流，经过电容滤波后得到更加稳定的直流电流，最后供 LED 灯点亮照明。其原理框图如图 1.19 所示 交流输入 → 变压器降压 → 桥式整流 → 电容滤波 → 稳压管稳压 → LED 发光 图 1.19　LED 小夜灯原理框图

决策计划单		
班级学号姓名		得分
详细计划		
小组分工		

表 1－15　LED 小夜灯的分析制作与调试实施单

实施单		
班级姓名学号		得分

LED 小夜灯草图如图 1.20 所示。

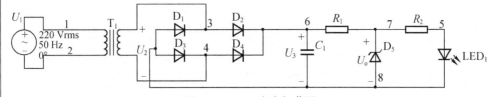

图 1.20　LED 小夜灯草图

电路设计

$U_Z = U_o = 5V$，$U_3 = (2 \sim 3) \times 5V = 10 \sim 15V$，$I_{Zmax} = 25mA$，$I_{Zmin} = 2mA$

$R_2 = (U_o - U_{Led1})/I_{Led1} = (5-2)/(2 \sim 25mA) = 120 \sim 1500\Omega$

$R_{LED1} = U_{LED1}/I_{LED1} = 2/(2 \sim 25mA) = 80 \sim 1000\Omega$，所以 $R_L = 200 \sim 2500\Omega$

$R_L C \geqslant (3 \sim 5)T/2$，$C \geqslant 3T/2R_L \geqslant 0.06/2 \times 200 = 0.00015F$

$I_L = I_o = U_o/R_L = 5/(200 \sim 2500\Omega) = 0.002 \sim 0.025A$，$I_D = I_o/2 = 0.001 \sim 0.0125A$

$I_{ZM} = (1.5 \sim 3)I_D = 0.0375 \sim 0.075A$，可以选择的稳压管为 IN4689。

$R_1 \leqslant (U_{Imin} - U_Z)/(I_{Lmax} + I_{Zmin}) = (U_{Imin} - U_Z)/(I_{Zmin} + U_Z/R_{Lmin}) = (10-5)/0.001 + 0.075 = 192(\Omega)$

$R_1 \geqslant (U_{Imax} - U_Z)/(I_{Zmax} + I_{Lmin}) = (U_{Imax} - U_Z)/(I_{Zmax} + U_Z/R_{Lmax}) = (15-5)/0.05 + 0.002 = 175(\Omega)$

所以可取 $R_1 = 180\Omega$。

电路各元件选择如下：$R_1 = 180\Omega$，$R_2 = 500\Omega$，D_5 选择 1N4733，$C = 0.0005F$

$D_1 = D_2 = D_3 = D_4$ 选择 1N5391，变压器系数 $= 16.67/220 = 0.08$，正确的电路如图 1.2 所示

仿真调试

(1) 调试整流滤波电路，用示波器观察滤波后信号与稳压后的信号波形。

(2) 判断电路是否符合设计要求。

仿真电路与调试结果如图 1.21、图 1.22 所示

实施单			
班级姓名学号		得分	

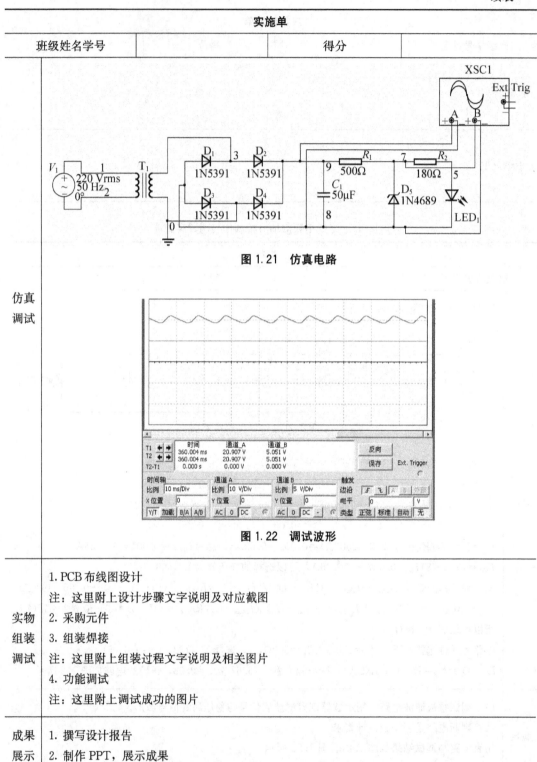

图 1.21 仿真电路

图 1.22 调试波形

仿真 调试	(见图 1.21 仿真电路 和 图 1.22 调试波形)
实物 组装 调试	1. PCB 布线图设计 注：这里附上设计步骤文字说明及对应截图 2. 采购元件 3. 组装焊接 注：这里附上组装过程文字说明及相关图片 4. 功能调试 注：这里附上调试成功的图片
成果 展示	1. 撰写设计报告 2. 制作 PPT，展示成果

本学习情境的评分表和评分标准分别见表 1-16 和表 1-17。

表 1-16　学习情境 1 评分表

评分表					
班级学号姓名：		得分合计：		等级评定：	
评价分类列表		比值	小组评分 20%	组间评分 30%	教师评分 50%
单元电路分析与调试		30			
综合实训	资讯	25			
	决策计划	5			
	实施	25			
	检查	5			
	评价	5			
	设计报告	10			
学习态度		5			

表 1-17　评分标准

学习情境 1：LED 小夜灯的制作与调试				
评价分类列表		比值	评分标准	得分
LED 小夜灯单元电路分析与调试		30	能识别与测试二极管 能分析与测试二极管整流电路 能分析与测试电容滤波电路 能分析与测试稳压管稳压电路 能识别与测试晶体管 能分析与调试晶体管基本放大电路	
LED 小夜灯电路分析设计与调试	资讯	10	能尽可能全面地收集与学习情境相关的信息	
	决策计划	10	决策方案切实可行、实施计划周详实用	
	实施	25	掌握电路的分析、设计、组装调试等技能	
	检查	5	能正确分析故障原因并排除故障	
	评价	5	能对成果做出合理的评价	
	设计报告	10	能撰写规范详细的设计报告	
学习态度		5	学习态度好，组织协调能力强，能组织本组进行积极讨论并及时分享自己的成果，能主动帮助其他同学完成任务	

课后思考与练习

一、思考题

1. 二极管的伏安特性指什么？画出特性曲线，并指出硅、锗二极管的死区电压和导通压降分别是多少?

2. 如何用万用表判别普通二极管的极性与材料?

3. 如何对发光二极管进行识别与检测?

4. 什么是整流电路?如何分析单相半波整流和单相桥式整流电路的工作原理?两种整流电路负载电压的平均值分别是多少?二极管上的平均电流和能承受的最高反向电压是多少?

5. 什么是滤波电路?滤波电路的结构特点是怎样的?桥式全波整流电容滤波电路的工作原理和电路特点分别是怎么样的?

6. 如何判别稳压管的极性?

7. 如何测量稳压管的稳压值?

8. 稳压管的工作原理是怎样的?

9. 稳压管稳压电路的设计步骤是怎样的?

10. 设计一个桥式整流电容滤波电路,用 220V、50Hz 交流供电,要求输出直流电压 $U_o = 45V$,负载电流 $I_L = 200mA$。

二、选择题

1. 在 N 型半导体中,多数载流子为电子,N 型半导体(   )。

A. 带正电   B. 带负电   C. 不带电   D. 不能确定

2. 如果在 NPN 型晶体管放大电路中测得发射结为正向偏置,集电结也为正向偏置,则此管的工作状态为(   )。

A. 放大状态   B. 饱和状态   C. 截止状态   D. 不能确定

3. 二极管的反向电阻(   )。

A. 小   B. 大   C. 中等   D. 为零

4. 测得晶体管 3 个电极的静态电流分别为 0.06mA、3.66mA 和 3.6mA,则该管的 β 为(   )。

A. 70   B. 40   C. 50   D. 60

5. 在单相桥式整流电路中,变压器次级电压为 10V(有效值),则每只整流二极管承受的最大反向电压为(   )。

A. 10V   B. $10\sqrt{2}$V   C. $10/\sqrt{2}$V   D. 20V

6. 桥式整流加电容滤波电路,设整流输入电压为 20V,此时,输出的电压约为(   )。

A. 24V   B. 18V   C. 9V   D. 28.2V

7. 两个硅稳压管,$U_{Z1} = 6V$,$U_{Z2} = 9V$,下面那个不是两者串联时可能得到的稳压值(   )。

A. 15V   B. 6.7   C. 9.7V   D. 3V

三、填空题

1. 由于掺入的杂质不同,杂质半导体分为两类,一类是在 Si 或 Ge 的晶体中掺入正三价的硼,称为_____或_____,在其中_____是多数载流子,_____是少数载流子；另一类是在 Si 或 Ge 中掺入正五价的磷，称为_____或_____，在其中_____是多数载流子，_____是少数载流子。

2. PN 结最重要的特性是_____，它是一切半导体器件的基础。

3. 稳压二极管主要工作在_____区。在稳压时一定要在电路中加入_____限流。

4. 发光二极管(LED)的正向导通电压比普通二极管高，通常为_____ V，其反向击穿电压较低为_____ V，正常工作电流为_____ mA。

5. 光敏二极管在电路中要_____连接才能正常工作。

四、综合题

1. 电路如图 1.23 所示，二极管是导通还是截止，$R = 10\text{k}\Omega$，试求出 AO 两点间的电压 U_{AO}？（设二极管的正向压降是 0.7V。）

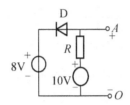

图 1.23　题 1 图

2. 如图 1.24 所示，稳压管 D_1、D_2 的稳定电压分别为 8V、6V，设稳压管的正向压降是 0.7V，试求 U_o。

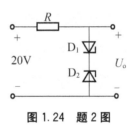

图 1.24　题 2 图

3. 整流电路如图 1.25 所示，二极管为理想元件，变压器原边电压有效值 U_1 为 220V，负载电阻 $R_L = 750\Omega$。变压器变比 $k = \dfrac{N_1}{N_2} = 10$。试求：

（1）变压器副边电压有效值 U_2。

（2）负载电阻 R_L 上电流平均值 I_o。

（3）从表 1－18 列出的常用二极管中选出合适的二极管。

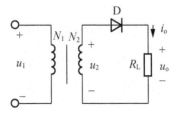

图 1.25　题 3 图

表 1-18

	最大整流电流平均值	最高反向峰值电压
2AP1	16mA	20V
2AP10	100mA	25V
2AP4	16mA	50V

4. 整流滤波电路如图 1.26 所示，变压器副边电压有效值 $U_2 = 10V$，负载电阻 $R_L = 500\Omega$，电容 $C = 1000\mu F$，当输出电压平均值 U_o 为：(1)14V；(2)12V；(3)10V；(4)9V；(5)4.5V 五种数据时，分析哪个是合理的？哪个表明出了故障？并指出原因。

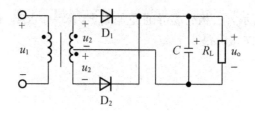

图 1.26　题 4 图

学习情境2

简易消防应急灯的制作与调试

学习目标

能力目标：能判断并测试晶体管的管型、引脚；能测试晶体管的基本特性；能分析并调试晶体管基本放大电路，能分析并调试简易消防应急灯。

知识目标：了解晶体管的基本结构；懂得辨别常见的晶体管及其类型；掌握晶体管的放大特性和开关特性；理解晶体管基本放大电路、电源充电电路的工作原理。

学习情境背景

虽然人们的防火意识越来越强，防火宣传力度越来越大，但是火灾事故依然时有发生，消防应急灯作为发生建筑火灾事故时利于疏散的一种重要照明产品，其使用广泛，只要留意，大家就能在学校、电影院、银行以及车站等公共场所看到不同牌子的消防应急灯，它的主要作用是发生火灾时，正常照明系统不能提供照明的情况下，应急灯启动照明为人员安全疏散、特殊岗位继续工作以及灭火救援行动提供必要的保障。图2.1为本课程开发的合作企业浙江江山耀华消防设备有限公司生产的一款消防应急灯，它主要由电源模块、断电照明模块与电池充电模块3部分组成。图2.1所示消防应急灯的核心元件是专用单片机芯片，目的是方便大家学习模拟电路中的桥式整流稳压电源和晶体管基本放大电路相关知识。模仿图2.1所示消防应急灯仅用二极管、晶体管、电容等简单元件设计了类似功能的仿真消防应急灯，电路原理如图2.2所示。

图 2.1 实际生产的消防应急灯

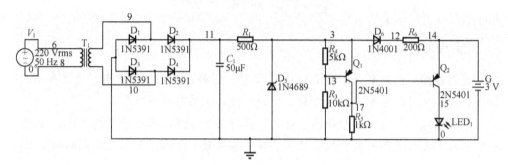

图 2.2 简易仿真消防应急灯原理图

学习情境组织

本学习情境中消防应急灯的电路原理图主要由二极管桥式稳压电源、分压式共射放大电路和复合晶体管等模块构成。根据电路的结构组成，由于桥式整流滤波电路在情境 1 中已经学过，因此，本学习情境可由两个单元电路的分析与调试和一个综合实训，具体内容组织见表 2－1。

表 2－1 学习情境 1 内容组织

学习情境 1：简易消防应急灯的制作与调试				
	比值		子任务	得分
简易消防应急灯单元电路分析	30		任务 2.1 晶体管的识别与测试	
			任务 2.2 晶体管基本放大电路的分析与测试	
消防应急灯整体电路的分析设计与调试	资讯	25	能尽可能全面地收集与学习情境相关的信息	
	决策计划	5	决策方案切实可行、实施计划周详实用	
	实施	25	掌握电路的分析、设计、组装调试等技能	
	检查	5	能正确分析故障原因并排除故障	
	评价	5	能对成果做出合理的评价	
学习态度		5	学习态度好，组织协调能力强，能组织本组进行积极讨论并及时分享自己的成果，能主动帮助其他同学完成任务	

课 前 预 习

（1）晶体管有什么样的结构？如何用符号来表示不同的晶体管？

（2）晶体管各极电流及方向是怎样的？

（3）晶体管有几种工作状态？各自的特点是什么？

（4）什么是放大电路的静态分析和动态分析？如何画放大电路的直流通路和交流通路？

（5）分别分析晶体管共射极、共集电极、共基极放大电路的结构、参数计算、电路特征、工作原理与各自的优缺点。

任务 2.1　晶体管的识别与测试

晶体晶体管简称晶体管，它有放大、饱和、截止 3 种工作状态。因此，晶体管是放大电路的核心元件，又是理想的无触点开关元器件晶体管符号如图 2.3 所示。

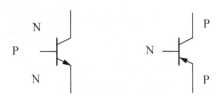

图 2.3　晶体管符号

2.1.1　晶体管基础知识

1. 分类

晶体管按内部结构不同可分为 NPN 型和 PNP 型管；按工作频率不同可分为低频管和高频管；按功率不同可分为小功率管和大功率管；按封装材料不同可分为金属壳管、塑封管等；按材料不同可分为锗管和硅管等。

2. 符号与结构

如图 2.4 所示，晶体管有 3 个工作区：发射区、基区、集电区；两个 PN 结：发射结（BE 结）、集电结（BC 结）；3 个电极：发射极 E、基极 B 和集电极 C。符号中发射极上的箭头方向，表示发射结正偏时电流的流向。

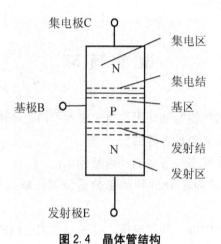

图 2.4　晶体管结构

3. 几种常见晶体管的外形及特点

（1）小功率晶体管：把集电极最大允许耗散功率 PCM 在 1W 以下的晶体管，如图 2.5 所示。

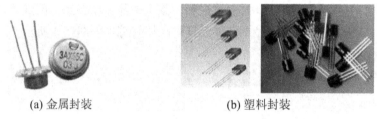

(a) 金属封装　　　　　　　　　(b) 塑料封装

图 2.5　小功率晶体管

（2）中功率晶体管：中功率晶体管主要用在驱动和激励电路，为大功率放大器提供驱动信号，集电极最大允许耗散功率 PCM 在 1～10W 间，如图 2.6 所示。

(a) 塑料封装

(b) 金属封装

图 2.6　中功率晶体管

（3）大功率晶体管：集电极最大允许耗散功率 PCM 在 10W 以上，如图 2.7 所示。

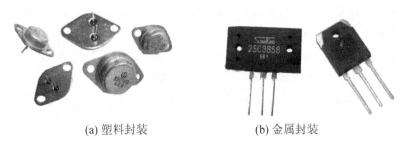

(a) 塑料封装   (b) 金属封装

图 2.7 大功率晶体管

2.1.2 晶体管的测试

1. 用指针式万用表测试

指针式万用表红表笔是(表内电源)负极，黑表笔是(表内电源)正极，判断普通晶体管的 3 个电极、极性及好坏时，选择 R×100 挡位或 R×1k 挡位，测量时手不要接触引脚。

(1) 找基极：首先对晶体管的 3 只电极进行编号命名(如三极分别依次为 1、2、3 脚)，设其中任一电极为基极，将黑表笔接在假设的基极上，将红表笔分别接到另两个引脚上，分别测量假设基极与另两极间的正反向电阻：①若测得电阻值同为很小(指针向右偏转大。若交换表笔重测阻值应同为很大)，则假设正确，并且为 NPN 型晶体管；②若测得电阻值同为很大(指针向右偏转小或基本不偏转。若交换表笔重测阻值应同为很小)，则假设正确，并且为 PNP 型晶体管。

(2) 区分 C 极和 E 极：黑笔接在假定的集电极上，红笔接在假定的发射极上，并将 100kΩ 电阻跨接在基极和假定的集电极之间，跨接电阻后指针的偏转角度明显变大，则假设正确。交换两表笔重复此过程，如果也有上述现象，则以偏转较大的一次为准。C、E 极间的 100kΩ 电阻可用手指头电阻(还可用舌头电阻)代替，但不能使 C、E 极直接接触。对 NPN 型管，跨接电阻后，指针偏转较大时，红表笔接的是 E 极，黑表笔接的是 C 极。对 PNP 型晶体管，跨接电阻后，指针偏转较大时，红表笔接的是 C 极，黑表笔接的是 E 极。

2. 用数字万用表测试

(1) 将数字万用表置于二极管挡位，红表笔固定任接某个引脚，用黑表笔依次接触另外两个引脚，如果两次显示值均小于 1V 或都显示溢出符号 "OL" 或 "1"，则红表笔所接的引脚就是基极 B。如果在两次测试中，一次显示值小于 1V，另一次显示溢出符号 "OL" 或 "1"(视不同的数字万用表而定)，则表明红表笔接的引脚不是基极 B，应更换其他引脚重新测量，直到找出基极 B 为止。

(2) 基极确定后，用红表笔接基极，黑表笔依次接触另外两个引脚，如果显示屏上的数值都显示为 0.600～0.800V，则所测晶体管属于硅 NPN 型中小功率管。其中，显示数值较大的一次，黑表笔所接引脚为发射极。如果显示屏上的数值都显示为 0.400～

0.600V，则所测晶体管属于硅 NPN 型大功率管。其中，显示数值大的一次，黑表笔所接的引脚为发射极。

用红表笔接基极，黑表笔先后接触另外两个引脚，若两次都显示溢出符号"OL"或"1"，调换表笔测量，即黑表笔基极，红表笔接触另外两个引脚，显示数值都大于 0.400V，则表明所测晶体管属于硅 PNP 型，此时数值大的那次，红表笔所接的引脚为发射极。

数字万用表在测量过程中，若显示屏上的显示数值都小于 0.400V，则所测晶体管属于锗管。

2.1.3 晶体管各极电流及方向

晶体管电流控制器件，基极电流控制集电极电流，基极电流增加，集电极电流也增加。射极电流＝基极电流＋集电极电流。集电极电流与基极电流比值变化不大，近似认为常数。

电极电流与射极电流比值近似为 1。即：$I_E＝I_C＋I_B$，$I_C＝\beta I_B$，$I_E＝(1＋\beta)I_B$。

复合晶体管也叫达林顿管，是将两个晶体管的集电极连在一起，将第一只晶体管的发射极直接耦合到第二只晶体管的基极，依次连接而成，最后引出 E、B、C 3 个电极。两个晶体管可以是同型号的，也可以是不同型号的；可以是相同功率，也可以是不同功率。

达林顿管一般应用于功率放大器、稳压电源，通常有 4 种接法：NPN＋NPN、PNP＋PNP、NPN＋PNP、PNP＋NPN，如图 2.8 所示。

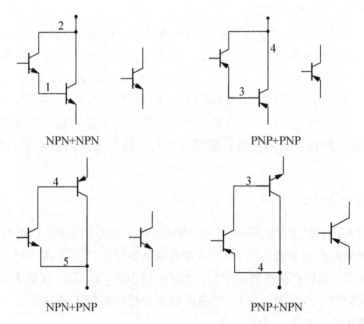

NPN+NPN   PNP+PNP

NPN+PNP   PNP+NPN

图 2.8　复合型晶体管

同类型晶体管相连的复合管

$$\beta\approx\beta_1\beta_2，\quad r_{be}＝r_{be1}＋(1＋\beta_1)r_{be2}$$

不同类型晶体管相连的复合管

$$\beta \approx \beta_1 \beta_2, \quad r_{be} = r_{be1}$$

2.1.4　晶体管工作状态

（1）放大状态：$I_C = \beta I_B$，且 $\Delta I_C = \beta \Delta I_B$。工作在放大状态的内部条件是：集电区面积较大，基区较薄，掺杂浓度较低，发射区掺杂浓度较高；外部条件是：发射结正偏，集电结反偏。

（2）饱和状态：$U_{CE} < U_{BE}$，$\beta I_B > I_C$，$U_{CE} \approx 0.3\text{V}$。工作在饱和状态的条件：发射结正偏，集电结正偏。

（3）截止状态：$U_{BE} <$ 死区电压，$I_B = 0$，$I_C = I_{CEO} \approx 0$。工作在截止状态的条件：发射结反偏，集电结反偏。

2.1.5　根据晶体管 3 个电极的电位判断晶体管材料和 3 个电极

（1）三引脚两两相减，其中差值为 0.7V（或 0.2V）的引脚为 B 或 E，另一引脚为 C，并由此可知是硅管（或锗管）。

（2）假设 3 个引脚中电位居中的引脚为 B，求 U_{BE}、U_{BC}，若符合 $U_{BE} > 0$，$U_{BC} < 0$，则为 NPN；若符合 $U_{BE} < 0$，$U_{BC} > 0$，则为 PNP。

2.1.6　晶体管的伏安特性

晶体管的伏安特性曲线是描述晶体管的各端电流与两个 PN 结外加电压之间的关系的一种形式，其特点是能直观，全面地反映晶体管的电气性能的外部特性。晶体管的特性曲线一般用实验方法描绘或专用仪器（如晶体管图示仪）测量得到。晶体晶体管为三端器件，在电路中要构成四端网络，它的每对端子均有两个变量（端口电压和电流），因此要在平面坐标上表示晶体晶体管的伏安特性，就必须采用两组曲线簇，最常采用的是输入特性曲线簇和输出特性曲线簇。

（1）输入特性：指晶体管输入回路中，加在基极和发射极的电压 U_{BE} 与由它所产生的基极电流 I_B 之间的关系。如图 2.9（a）所示。

① $U_{CE} = 0$ 时相当于集电极与发射极短路，此时，I_B 和 U_{BE} 的关系就是发射结和集电结两个正向二极管并联的伏安特性。

② $U_{CE} \geqslant 1\text{V}$ 即：给集电结加上固定的反向电压，集电结的吸引力加强，使得从发射区进入基区的电子绝大部分流向集电极形成 I_C。同时，在相同的 U_{BE} 值条件下，流向基极的电流 I_B 减小，即特性曲线右移。

总之，晶体管的输入特性曲线与二极管的正向特性相似，因为 B、E 间是正向偏置的 PN 结（放大模式下）。

（2）输出特性：指在一定的基极电流 I_B 控制下，晶体管的集电极与发射极之间的电压 U_{CE} 同集电极电流 I_C 的关系。如图 2.9（b）所示：晶体管输出特性包括放大区、截止区和饱和区 3 部分。

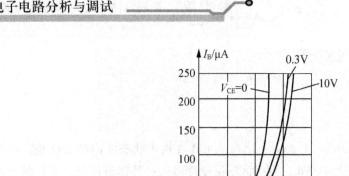

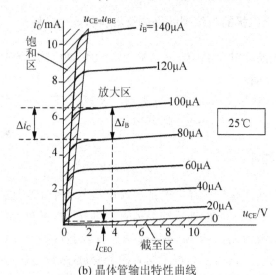

(a) 晶体管输入特性曲线

(b) 晶体管输出特性曲线

图2.9 晶体管伏安特性曲线

动手做做看

1. 用指针式万用表测试晶体管

指针式万用表的R×1k挡测试未知型号晶体管每两极间的正反向电阻并判断各电极及管型。

1）找基极

首先对晶体管的3只电极进行编号命名(如三极分别依次为1、2、3脚)设其中的一极为基极,将黑表笔接在假设的基极上,将红表笔分别接到另两个引脚上,分别测量假设基极与另两极间的电阻:①若测得电阻值同为很小(指针向右偏转大。若交换表笔重测阻值应同为很大),则假设正确,并且为NPN型晶体管;②若测得电阻值同为很大(指针向右偏转小或基本不偏转。若交换表笔重测阻值应同为很小),则假设正确,并且为PNP型晶体管。将测试结果记录在表2－2中。

表2-2　晶体管 B 极测试结果

假设 1 为基极（黑笔接 1）	红表笔接 2	红表笔接 3	结论
假设 1 为基极红笔接 1	黑表笔接 2	黑表笔接 3	
假设 2 为基极黑笔接 2	红表笔接 1	红表笔接 3	
假设 2 为基极红笔接 2	黑表笔接 1	黑表笔接 3	
假设 3 为基极黑笔接 3	红表笔接 1	红表笔接 2	
假设 3 为基极红笔接 3	黑表笔接 1	黑表笔接 2	

注：如果用上述方法找不到基极，是何原因？有两种可能：晶体管损坏；被测器件不是普通晶体管。

2）区分 C 极和 E 极

黑笔接在假定的集电极上，红笔接在假定的发射极上，并将 $100k\Omega$ 电阻跨接在基极和假定的集电极之间，跨接电阻后指针的偏转角度明显变大，则假设正确。交换两表笔重复此过程，如果也有上述现象，则以偏转较大的一次为准。将结果填入表 2-3 中。

表2-3　晶体管 C、E 极测试结果

1 为基极，假设 2 为集电极	黑表笔接 2	红表笔接 3	结论
1 为基极，假设 3 为集电极	黑表笔接 3	红表笔接 2	

注：C、E 极间的 $100k\Omega$ 电阻可用手指电阻代替，但不能使 C、E 极直接接触。对 NPN 型管，跨接电阻后，指针偏转较大时，红表笔接的是 E 极，黑表笔接的是 C 极。对 PNP 型管，跨接电阻后，指针偏转较大时，红表笔接的是 C 极，黑表笔接的是 E 极。按照以上步骤可以根据经验估计晶体管的直流电流放大倍数 β：跨接电阻后，指针偏转角度越大，表明放大倍数越大。按照以上步骤还可以估计晶体管的集射极穿透电流 I_{CEO}：不跨接电阻时，指针偏转角度越大，表明集射极穿透电流 I_{CEO} 越大。晶体管的常见故障：某两极间正反向电阻都很小则为断路；某两极间正反向电阻都为无穷大则为短路；某两极间正反向电阻都为零，则穿透电流过大；C、E 间电流很大（即测量 C、E 间电阻时，表针向右偏转很大，电阻值很小）。

2. 用数字万用表测试晶体管

1）找基极

将晶体管 3 个引脚分别命名为 1、2、3，将数字万用表置于二极管挡位，当红表笔分别接 1、2、3 三个引脚上，用黑表笔依次接触另外两个引脚，测得对应两个电压值记入表2-4，并根据测量结果判断出晶体管的基极，将测量过程拍照后附在表2-4后面。

表2-4 晶体管基极测量结果

红表笔接法	电压1	电压2	两次电压值是否均小于1或均溢出	红表笔接的引脚是否为基极B
接引脚1				
接引脚2				
接引脚3				

2) 判断E/C极，晶体管材料与类型

用红表笔接基极，黑表笔依次接触另外两个引脚，测得两个电压，记入表2-5，根据测得结果判断晶体管的发射极E，与集电极C，并判断是NPN管还是PNP管，是硅管还是锗管，将测量过程拍照后附在表2-5后面。

表2-5 晶体管引脚、材料与类型

红表笔接基极	电压1	电压2	两次电压是否都为溢出	E/C极分别是哪个引脚	NPN/PNP 硅/锗

3. NPN型晶体管各极电流之间关系的仿真测试

测试电路如图2.10所示，改变电源电压V_{BB}分别为表2-5中对应的值，测出相应的I_B、I_C与I_E的值，根据测量结果计算I_B+I_C、I_C/I_E和I_C/I_B的值填入表2-6对应位置，根据表2-6，归纳晶体管各级电流的关系。

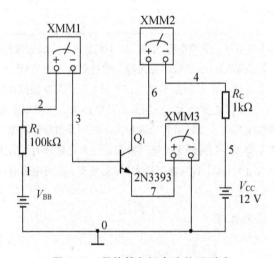

图2.10 晶体管各极电流关系测试

表2-6　晶体管各极电流关系测试结果

V_{BB}/V	0.69	1.66	2.69	5.71
$I_B/\mu A$				
I_C/mA				
I_E/mA				
I_B+I_C/mA				
I_C/I_E				
I_C/I_B				
归纳I_B、I_C、I_E三者的关系				

4. 晶体管放大作用仿真测试

用示波器观察图2.10中u_{BE}、u_{CE}的电压,将它们的波形画在表2-7中,并估算$u_{CE}/u_{BE}=$_____,根据测量结果分析晶体管具有_____作用。

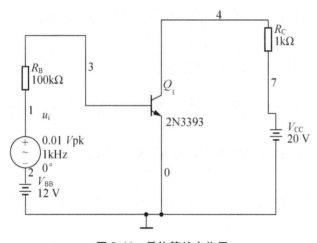

图2.11　晶体管放大作用

表2-7　晶体管输入输出波形

输出波形		
输入波形		
输出波形与输入波形幅值的比值	晶体管作用	

5. 仿真测试晶体管输入特性

晶体管输入特性仿真测试图如图2.12所示。

(1)不接电源V_{CC},即使$u_{CE}=0$时,调节V_{BB}使u_{BE}、i_B分别是表2-8所列数值时,测出对应的u_{BE}和i_B。

电子电路分析与调试

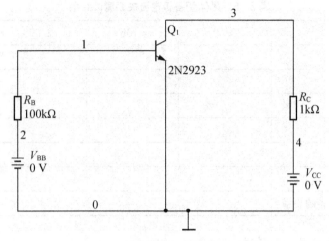

图2.12 晶体管输入特性仿真测试图

表2-8 仿真测试结果表(不接电源)

V_{BB}/V							
u_{BE}/V	0	0.2					
i_B/μA			10	20	40	60	80	100

(2) 接入电源电压 $V_{CC}=20\mathrm{V}$(即保证 $u_{CE}>1\mathrm{V}$ 时)类似上述步骤测出各数值填入表2-9中。

表2-9 仿真测试结果表(接电源)

V_{BB}/V							
u_{BE}/V	0	0.2					
i_B/μA			10	20	40	60	80	100

(3) 根据表2-8与表2-9数据在同一坐标系中画出 u_{BE}(横轴)、i_B(纵轴)的关系曲线图。

6. 仿真测试晶体管输出特性

(1) 按图2.13接好电路,其中 $R_B=100\mathrm{k}\Omega$,$R_C=1\mathrm{k}\Omega$,晶体管型号为2N3393。

(2) 调节电源电压 V_{BB},使 $i_B=0$ 时,调节电源电压 V_{CC} 使 U_{CE} 为下表中所给的各数值,测出此时相应的 i_C 值,将结果填入表2-10中。

表2-10 $i_B=0$ 时,U_{CE} 和 i_C 的测量值

U_{CE}/V	10	5	2	1	0.5	0.3	0.2	0.1	0
i_C/mA									

(3) 调节电源电压 V_{BB},使 $i_B=10\mu\mathrm{A}$ 时,调节电源电压 V_{CC} 使 U_{CE} 为下表中所给的各

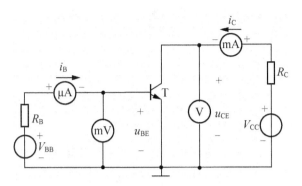

图 2.13　晶体管输出特性仿真测试图

数值，测出此时相应的 i_C 值，将结果填入表 2-11 中。

表 2-11　$i_B = 10\mu A$ 时，U_{CE} 和 i_C 的测量值

U_{CE}/V	10	5	2	1	0.5	0.3	0.2	0.1	0
i_C/mA									

（4）调节电源电压 V_{BB}，使 $i_B = 20\mu A$ 时，调节电源电压 V_{CC} 使 U_{CE} 为下表中所给的各数值，测出此时相应的 i_C 值，将结果填入表 2-12 中。

表 2-12　$i_B = 20\mu A$ 时，U_{CE} 和 i_C 的测量值

U_{CE}/V	10	5	2	1	0.5	0.3	0.2	0.1	0
i_C/mA									

（5）调节电源电压 V_{BB}，使 $i_B = 40\mu A$ 时，调节电源电压 V_{CC} 使 U_{CE} 为下表中所给的各数值，测出此时相应的 i_C 值，将结果填入表 2-13 中。

表 2-13　$i_B = 40\mu A$ 时，U_{CE} 和 i_C 的测量值

U_{CE}/V	10	5	2	1	0.5	0.3	0.2	0.1	0
i_C/mA									

（6）调节电源电压 V_{BB}，使 $i_B = 60\mu A$ 时，调节电源电压 V_{CC} 使 U_{CE} 为下表中所给的各数值，测出此时相应的 i_C 值，将结果填入表 2-14 中。

表 2-14　$i_B = 60\mu A$ 时，U_{CE} 和 i_C 的测量值

U_{CE}/V	10	5	2	1	0.5	0.3	0.2	0.1	0
i_C/mA									

（7）调节电源电压 V_{BB}，使 $i_B = 80\mu A$ 时，调节电源电压 V_{CC} 使 U_{CE} 为下表中所给的各数值，测出此时相应的 i_C 值，将结果填入表 2-15 中。

表 2-15　$i_B = 80\mu A$ 时，U_{CE} 和 i_C 的测量值

U_{CE}/V	10	5	2	1	0.5	0.3	0.2	0.1	0
i_C/mA									

（8）调节电源电压 V_{BB}，使 $i_B = 100\mu A$ 时，调节电源电压 V_{CC} 使 U_{CE} 为下表中所给的各数值，测出此时相应的 i_C 值，将结果填入表 2-16 中。

表 2-16　$i_B = 100\mu A$ 时，U_{CE} 和 i_C 的测量值

U_{CE}/V	10	5	2	1	0.5	0.3	0.2	0.1	0
i_C/mA									

（9）根据表 2-10～表 2-16 的测试结果，在同一个坐标系中画出对应于每一个 i_B 的晶体管共射输出特性曲线（曲线簇）。

任务 2.2　晶体管基本放大电路的分析与调试

2.2.1　放大电路分析的基本概念

1. 静态和静态分析

静态是指当放大电路不加输入信号（$u_i = 0$）时的工作状态，称为直流工作状态或静止状态。静态时电路中只有直流电源起作用，晶体管各极静态电流，电压 I_B、I_C、U_{CE} 都是直流量。分析静态。

静态分析就是要求确定电路的静态工作点 Q，即确定 $u_i = 0$ 时晶体管的各极电流和电压。如 I_{BQ}、I_{CQ}、U_{CEQ} 等。静态分析在直流通路上进行；画直流通路中的原则是电容看成开路，电感看成短路，保留直流电源。

2. 动态和动态分析

动态是指当放大电路加上输入信号（$u_i \ne 0$）时的工作状态。

分析动态就是研究在输入信号作用下，放大电路的电压放大倍数 A_u，输入电阻 R_i、输出电阻 R_o 最大输出幅度等。

放大电路的电压放大倍数是衡量放大电路对信号放大能力的主要技术参数。$A_u = \dfrac{u_o}{u_i}$，分贝值表示方法：$A_u(dB) = 20\lg |A_u|$。

输入电阻：从放大电路输入端看进去的等效电阻，$R_i = \dfrac{u_i}{i_i}$。

输出电阻：放大电路的输出相当于负载的信号源，信号源的内阻称电路的输出电阻，

输出电阻是表明放大电路带负载的能力，R_o 越小，放大电路带负载的能力越强，反之则差。

输出电阻的计算：$R_o = \dfrac{u}{i}\bigg|_{\substack{u_s=0 \\ R_L=\infty}}$。

输出电阻的测量：先测量开路电压 u_o，后测量接入负载后的电压 u_o'，则 $R_o=(\dfrac{u_o}{u_o'}-1)R_L$。

动态分析在交流通路中进行，画交流通路的原则是电容足够大时看成短路，电感出现感抗，理想电压源看成短路，理想电流源看成开路。

2.2.2　固定偏置共发射极放大电路分析

固定偏置共射放大电路如图 2.14 所示。

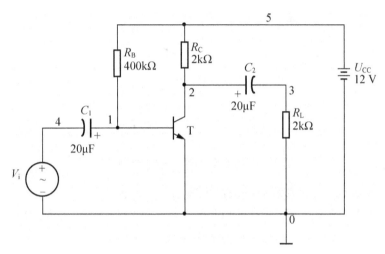

图 2.14　固定偏置共射放大电路

1. 静态分析

（1）估算法求静态工作点。

① 画直流通路：交流电源置零，电容视为开路，电感视为短路，保留直流电源，如图 2.15 所示。

② 由直流通路估算静态工作点如下。

$$U_{CC}=I_B R_B + U_{BE} \Rightarrow I_B = \frac{U_{CC}-U_{BE}}{R_B},\ I_C=\beta I_B,\ I_E=(1+\beta)I_B$$

$$U_{CE}=V_{CC}-I_C R_C$$

（2）图解法求 Q 点：利用晶体管的输入输出特性曲线求解静态工作点的方法称为图解法。其分析步骤如下。

① 按已选好的管子型号在手册中查找，或从晶体管图示仪上描绘出管子的输入、输出特性如图 2.16 所示。

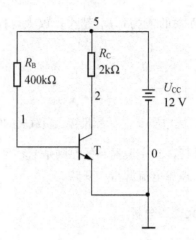

图 2.15　共射放大电路及其直流通路

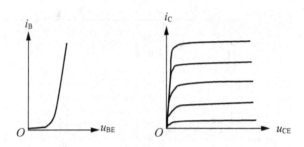

图 2.16　晶体管的输入输出特性曲线

② 画出直流负载线。此步骤是图解法求静态工作点的关键。

由放大电路的直流通道可得：$U_{CE}=U_{CC}-I_CR_C$，令 $U_{CE}=0$，可得：$I_C=U_{CC}/R_C$，令 $I_C=0$ 可得：$U_{CE}=U_{CC}$，连接两点即得直流负载线。

③ 确定静态工作点：直流负载线上交点有多个，只有 I_{BQ} 对应的交点才是 Q 点，如图 2.17 所示。

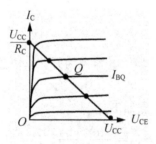

图 2.17　图解法确定 Q 点

2. 动态分析(小信号微变等效分析法)

由于晶体管是非线性器件，这样就使得放大电路的分析非常困难。建立小信号模型，就是将非线性器件做线性化处理，从而简化放大电路的分析和设计。当放大电路的输入信号电压很小时，就可以把晶体管小范围内的特性曲线近似地用直线来代替，从而

可以把晶体管这个非线性器件所组成的电路当作线性电路来处理。这就是微变等效电路分析法。

1）晶体管的微变等效电路模型

当输入为微变信号时，对于交流微变信号，非线性器件晶体管可用微变等效电路（线性电路）来代替。这样就把晶体管的非线性问题转化为线性问题。如图 2.18 所示，其中：

$$r_{be}=200\Omega+(1+\beta)\frac{26mV}{I_{EQ}}$$

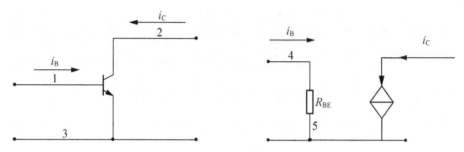

图 2.18　晶体管的微变等效电路模型

2）用微变等效电路分析法分析共射放大电路

① 画直流（通路），找 Q 点。

$$I_{BQ}=\frac{U_{CC}-U_{BEQ}}{R_B}\approx\frac{U_{CC}}{R_B}, \quad I_{EQ}=(1+\beta)I_{BQ}, \quad (I_{EQ}\approx I_{CQ}=\beta I_{BQ})$$

② 定参量：

$$r_{be}=200\Omega+(1+\beta)\frac{26mV}{I_{EQ}}$$

③ 画交流通路：电容视为短路，电感视为开路，直流电源直接接地。固定偏置共射放大电路交流通路如图 2.19 所示。

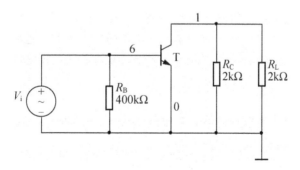

图 2.19　固定偏置共射放大电路交流通路

④ 画微变等效电路并求动态指标，如图 2.20 所示。

电压放大倍数：

$$u_o=-i_C(R_C/\!/R_L)=-\beta \cdot i_B(R_C/\!/R_L)$$

$$u_i=i_B r_{be}, \quad A_u=\frac{u_o}{u_i}=-\frac{\beta R'_L}{r_{be}}$$

输入电阻：

$$R_i = \frac{u_i}{i_i} = R_B // r_{be}$$

输出电阻：

$$R_o = R_C$$

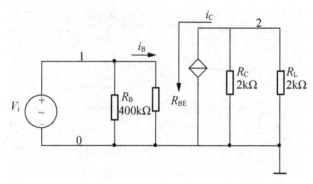

图 2.20　固定偏置共射放大电路的微变等效电路

3. 放大电路实现放大的条件

1）直流偏置正确

外加电源必须保证晶体管的发射结正偏，集电结反偏，并提供合适的静态工作点 Q（I_{BQ}、I_{CQ} 和 U_{CEQ}）。

2）交流通路畅通

输入电压 u_i 要能引起晶体管的基极电流 i_B 作相应的变化。晶体管集电极电流 i_C 的变化要尽可能的转为电压的变化输出。

4. 静态工作点选择不当引起输出波形的非线性失真

所谓失真，是指输出信号的波形与输入信号的波形不一致。晶体管是一个非线性器件，有截止区、放大区、饱和区 3 个工作区，如果信号在放大的过程中，放大器的工作范围超出了特性曲线的线性放大区域，进入了截止区或饱和区，集电极电流 i_c 与基极电流 i_b 不再成线性比例的关系，则会导致输出信号出现非线性失真。非线性失真分为截止失真和饱和失真两种。

（1）截止失真：当放大电路的静态工作点 Q 选取比较低时，I_{BQ} 较小，输入信号的负半周进入截止区而造成的失真称为截止失真。

（2）饱和失真：当放大电路的静态工作点 Q 选取比较高时，I_{BQ} 较大，U_{CEQ} 较小，输入信号的正半周进入饱和区而造成的失真称为饱和失真。

2.2.3　分压式偏置共射放大电路的分析

固定偏置放大电路的不足：由于温度升高时晶体管的放大倍数 β 随着增大，而 $I_B \approx \frac{V_{CC}}{R_B}$ 基本不变，则 $I_C = \beta I_B$ 增大，$U_{CE} = U_{CC} - I_C R_C$ 减小。由此可见，固定偏置放大电路的输出信号可能随着升高而产生饱和失真，随着温度降低产生截止失真。分压式偏置放大电路可以消除固定偏置放大电路的这个不足。

1. 静态分析

分压式偏置放大电路及其直流通路如图 2.21 所示。

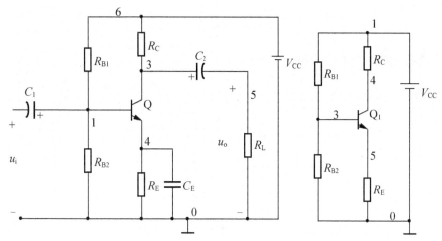

图 2.21　分压式偏置放大电路及其直流通路

Q 点估算：

$$U_B \approx \frac{R_{B2}}{R_{B1}+R_{B2}} U_{CC}$$

$$I_{CQ} \approx I_{EQ} = \frac{U_B - U_{BEQ}}{R_E}$$

$$I_{BQ} = \frac{I_{CQ}}{\beta}$$

$$U_{CEQ} \approx U_{CC} - I_{CQ}(R_C + R_E)$$

2. 动态分析

分压式偏置放大电路交流通及其微变等效电路，如图 2.22 所示。

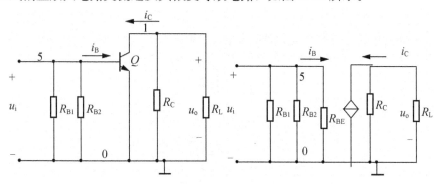

图 2.22　分压式偏置放大电路交流通及其微变等效电路

电压放大倍数:

$$A_u = \frac{u_o}{u_i} = -\frac{\beta(R_C /\!/ R_L)}{r_{be}}$$

输入电阻:

$$R_i = R_{B1} /\!/ R_{B2} /\!/ r_{be}$$

输出电阻:

$$R_o = R_C$$

2.2.4 共集电极放大电路的分析

共集电极放大电路如图 2.23 所示。

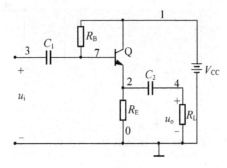

图 2.23 共集电极放大电路

1. 静态分析

$$V_{CC} = I_B R_B + V_{BE} + I_E R_E = I_B R_B + V_{BE} + (1+\beta) I_B R_E$$

$$I_B = \frac{V_{CC} - V_{BE}}{R_B + (1+\beta) R_E} \approx \frac{V_{CC}}{R_B + (1+\beta) R_E}$$

$$I_C = \beta I_B$$

$$V_{CC} = V_{CE} + I_E R_E \approx V_{CE} + I_C R_E$$

$$V_{CE} \approx V_{CC} - I_C R_E$$

2. 动态分析

共集电极放大电路的微变等效电路,如图 2.24 所示。

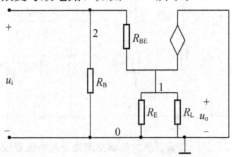

图 2.24 共集电极放大电路的微变等效电路

电压放大倍数：因为

$$\dot{V}_i = \dot{I}_B\left[r_{be}+(1+\beta)(R_E /\!/ R_L)\right]$$

$$\dot{V}_o = \dot{I}_B(1+\beta)(R_E /\!/ R_L)$$

所以

$$A_u = \frac{\dot{V}_O}{\dot{V}_i} = \frac{1+\beta(R_E /\!/ R_L)}{r_{be}+(1+\beta)(R_E /\!/ R_L)} \approx \frac{\beta(R_E /\!/ R_L)}{r_{be}+(1+\beta)(R_E /\!/ R_L)} < 1$$

输入电阻：因为

$$u_i = i_B r_{be} + i_E(R_E /\!/ R_L) = i_B\left[r_{be}+(1+\beta)(R_E /\!/ R_L)\right]$$

$$R_i' = \frac{u_i}{i_B} = r_{be}+(1+\beta)(R_E /\!/ R_L)$$

所以

$$R_i = R_i' /\!/ R_B = \left[r_{be}+(1+\beta)(R_E /\!/ R_L)\right] /\!/ R_B \approx R_B /\!/ \beta(R_E /\!/ R_L)$$

输出电阻：因为

$$i = i_{RE} - i_B - \beta i_b = \frac{u}{R_E} + (1+\beta)\frac{u}{r_{be}+R_s /\!/ R_B}$$

所以

$$R_o = \frac{u}{i} = \frac{1}{\dfrac{1}{R_E}+\dfrac{1}{(r_{be}+R_s /\!/ R_B)/(1+\beta)}} = R_E /\!/ \frac{(r_{be}+R_s /\!/ R_B)}{1+\beta}$$

结论：共集电极放大电路也称射击跟随器，电压增益略小于 1；电流增益可以远大于 1；输出与输入同相；输入电阻大；输出电阻小。

2.2.5　共基极放大电路的分析

1. 静态分析

共基极放大电路及其直流通路，如图 2.25 所示。

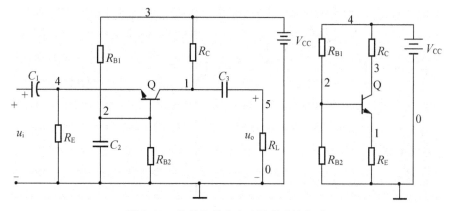

图 2.25　共基极放大电路及其直流通路

$$I_C \approx I_E = \frac{V_B - V_{BE}}{R_E} \approx \frac{V_B}{R_E} = \frac{\dfrac{V_{CC}}{R_{B1}+R_{B2}}R_{B2}}{R_E}$$

$$I_B = \frac{I_C}{\beta}$$

$$V_{CE} = V_{CC} - I_C R_C - I_E R_E \approx V_{CC} - I_C(R_C + R_E)$$

2. 动态分析

共基极放大电路的微变等效电路，如图 2.26 所示。

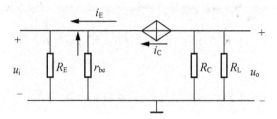

图 2.26 共基极放大电路的微变等效电路

$$A_u = \frac{u_o}{u_i} = \frac{-i_C(R_C /\!/ R_L)}{-i_B r_{be}} = \frac{\beta(R_C /\!/ R_L)}{r_{be}}$$

$$R_i = \frac{r_{be}}{(1+\beta)} /\!/ R_E$$

$$R_o = R_C$$

 动手做做看

1. 静态工作点对输出波形影响的仿真测试

仿真测试电路如图 2.27 所示。

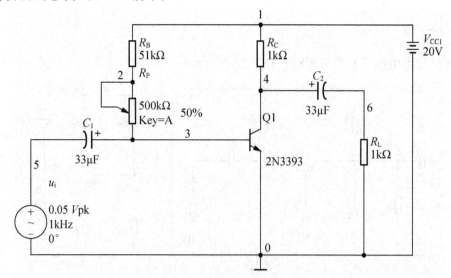

图 2.27 静态工作点对输出波形影响的仿真测试电路

（1）不接 u_i 接入 V_{CC1}＝20V，调节 R_P，使 U_{CE}＝10V 左右。

（2）保持步骤(1)接入 u_i 用示波器观察输入输出波形有无明显失真。

（3）保持步骤(2)调节 u_i 使输出电压最大且波形无明显失真。

（4）保持步骤(3)调节 R_P，增大 U_{CE} 直到波形发生明显失真，判断此时输出波形的失真为_____(顶部/底部)失真，而放大器的工作点 Q 则更接近于_____(饱和区/截止区)。

（5）保持步骤(4)调节 R_P，减小 U_{CE} 直到波形发生明显失真，此时输出波形的失真为_____(顶部/底部)失真，而放大器的工作点 Q 则更接近于_____(饱和区/截止区)。

（6）根据测试结果总结：静态工作点 Q 选取的位置将对输出波形造成什么影响？

2. 固定偏置共射极放大电路的仿真测试

（1）放大倍数仿真测试，测试电路如图 2.28 所示：

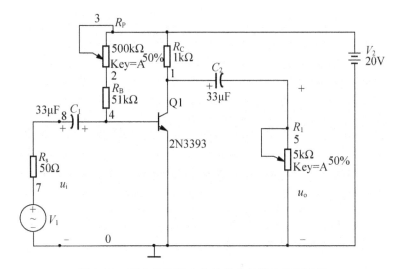

图 2.28　固定偏置放大电路放大倍数仿真测试图

① 不接输入信号，调节 R_P，使 U_{CE}＝10V。

② 在步骤①基础上，输入端接入幅值为 10mV，频率为 1kHz 的交流信号。

③ 用低频毫伏表分别测量输入电压 U_i 和输出电压 U_o 的大小，记录并计算：

U_i＝_____ mV，U_o＝_____ mV，A_u＝_____。

（2）输入电阻的仿真测量，测试电路如图 2.29 所示。

① 不接输入信号，调节 $R_B(R_P)$，使 U_{CE}＝10V。

② 保持步骤①，取信号源 U_s＝20mV，调节 R_{P1}，使 U_i＝$0.5U_s$。

③ 求出 R_i，并记录 R_i＝_____。由公式 U_i＝$U_s × R_i/(R_s + R_i)$ 可知，当 U_i＝$0.5U_s$ 时，R_i＝$R_s + R_{P1}$。

（3）输出电阻的仿真测量，测试电路如图 2.29 所示。

① 不接输入信号，调节 R_P，使 U_{CE}＝10V。

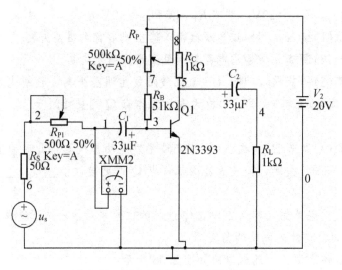

图 2.29　固定偏置输入电阻仿真测试图

② 接入幅值为 10mV 的输入信号，不接负载电阻 R_1，测量放大电路的开路输出电压 U_o，并记录 $U_o=$ _____。

③ 接入并调节 R_1，使 $U_o'=0.5U_o$，求出 $R_o=$ _____。

3. 固定偏置共射放大电路的不足的仿真测试

（1）用示波器观察图 2.17 所示固定偏置放大电路的输入输出波形，测出 $U_{CE}=$ _____。

（2）将图 2.17 晶体管改成 2N6545，即相当于改变晶体管的放大倍数，用示波器观察输入输出波形，测出 $U_{CE}=$ _____。

（3）根据上述测量结果判断固定偏置放大电路是否能稳定静态工作点。

4. 分压式偏置的共射放大电路稳定静态工作点特性仿真测试

（1）用示波器观察分压式放大电路输入输出波形并测出 $U_{CE}=$ _____，电路如图 2.30 所示。

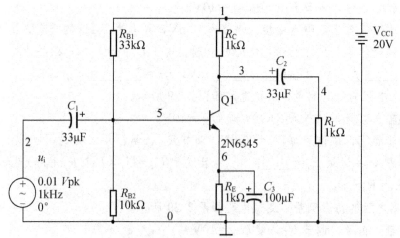

图 2.30　分压式放大电路稳定静态工作点仿真图

(2) 将图2.30所示分压式放大电路的晶体管型号改成2N3393，用示波器观察其输入输出波形并测出$U_{CE}=$_____。

(3) 结论：改变放大倍数，U_{CE}_____（发生明显变化或基本不变），输出波形_____（失真，不失真），由此可见，分压式偏置放大电路_____（具有，不具有）稳定静态工作点的作用。

5. 分压式共射极放大电路的调试

(1) 如图2.31所示连接电路。

(2) 调试静态工作点：先将R_{B2}调至最大，输入信号取零，接通+12V电源后在放大器输入端加入适量的输入信号u_i，调节R_{B2}，用示波器观察放大器输出电压u_o的波形，在波形不失真的条件下，移除输入信号并测量U_B、U_E、U_C、R_{B2}的值，将测量结果记入表2-17中。

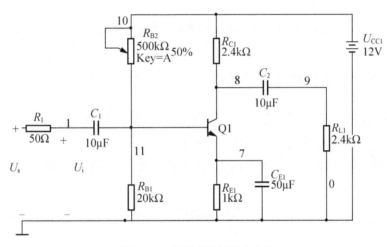

图2.31　分压式共射放大电路

表2-17　共射放大电路静态工作点测试

测　量　值				计　算　值		
U_B/V	U_E/V	U_C/V	R_{B2}/kΩ	U_{BE}/V	U_{CE}/V	I_C/mA

(3) 测量电压放大倍数：置$R_C=2.4$kΩ，$R_L=\infty$，u_i适量，用示波器观察放大器输出电压u_o的波形，在波形不失真的条件下用交流毫伏表测量输出信号u_o的值，并用双踪示波器观察u_o和u_i的相位关系，记入表2-18中。

表2-18　放大倍数

u_i/V	u_o/V	A_u	观察记录一组u_o和u_i波形

(4) 观察静态工作点对输出波形失真的影响：置$R_C=2.4$kΩ，$R_L=2.4$kΩ，$u_i=0$，

调节 R_{B2}，测出 U_{CE} 值，再逐步加大输入信号，使输出电压 u_o 足够大但不失真。保持输入信号不变，分别增大和减小 R_{B2}，使波形出现失真，绘出 u_o 的波形，并测出失真情况下的 I_C 和 U_{CE} 值，记入表 2-19 中。每次测 I_C 和 U_{CE} 值时都要将输入信号置零。

表 2-19　静态工作点对波形失真的影响　$u_i=$____ mV

I_C/mA	U_{CE}/V	u_o 波形	失真情况

(5) 测量输入电阻和输出电阻：置 $R_C=2.4\text{k}\Omega$，$R_L=2.4\text{k}\Omega$。输入适量的正弦信号，在输出电压 u_o 不失真的情况下，用交流毫伏表测出 u_s、u_i 和 u_L 的值并记入表 2-20。保持 u_s 不变，断开 R_L，测量输出电压 u_o，记入表 2-20。

表 2-20　输入输出电阻

u_s/ mV	u_i/ mV	R_i/kΩ		u_L/V	u_o/V	R_o/kΩ	
		测量值	计算值			测量值	计算值

6. 共集电极放大电路的基本特性的仿真测试

测试电路如图 2.32 所示，其中 R_B 由 51kΩ 电阻与 500kΩ 电位器（R_P）相串联构成，$R_E=2\text{k}\Omega$，$R_L=2\text{k}\Omega$，T 为 2N3393。

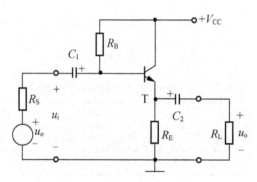

图 2.32　共集电极放大电路

(1) 不接输入信号，接入 $V_{CC}=20\text{V}$，调节 R_B，使 $U_{CE}=10\text{V}$。

(2) 输入端接入输入信号和 R_L，用示波器观察此时输入、输出电压的波形，并记录 u_i，u_o 的波形有无明显失真。

(3) 测量并记录输入信号幅度 $U_{im}=$____ V，输出信号幅度 $U_{om}=$____ V，则 $A_u=$____ 且（$A_u \gg 1$、$=1$、$\ll 1$）；输出信号与输入信号的相位关系（同相、反相）。

(4) 不接 R_L，即增大等效负载电阻值，观察输出电压幅度有无明显增大并记录其值。

(5) 接入 u_i 和 R_L 并在输入回路中串联 1kΩ 的电阻，观察输出电压幅度有无明显减小，并记录其值。

7. 共集电极放大电路的调试

(1) 按图 2.33 所示连接实验电路。

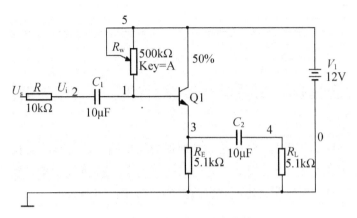

图 2.33　共集电极放大电路

(2) 静态工作点的调整：接通＋12V 直流电源，加入 1kHz 正弦信号 u_i，反复调整 R_w 与输入信号的幅度，得到一个最大不失真的输出波形后置 $u_i＝0$，用直流电压表测量晶体管各电极对地电位，将测得数据记入表 2-21。

表 2-21　静态工作点

U_E/V	U_B/V	U_C/V	I_E/mA

在下面整个测试过程中应保持 R_w 值不变(即保持静工作点 I_E 不变)。

(3) 测量电压放大倍数 A_u：接入负载 $R_L=1k\Omega$，加适当的正弦信号 u_i 并调节输入信号幅度，在输出波形 u_o 最大不失真的情况下，用交流毫伏表测 u_i、u_L 值并记入表 2-22。

表 2-22　电压放大倍数

u_i/V	u_L/V	A_u

(4) 测量输出电阻 R_o：加入适当的正弦信号 u_i，测出空载输出电压 u_o 和带负载的输出电压 u_L，记入表 2-23。

表 2-23　输出电阻

u_o/V	u_L/V	$R_o/k\Omega$

(5) 测量输入电阻 R_i：加适当的正弦信号 u_s，用交流毫伏表分别测出 u_s 和 u_i，记入表 2-24。

电子电路分析与调试

表 2-24　输入电阻

u_s/V	u_i/V	R_i/kΩ

综合任务　简易消防应急灯的分析制作与调试

　　任务 2.1 至任务 2.2 完成了学习情境 2 所需单元电路知识的学习与技能训练,在本环节要求同学们根据以表 2-25～表 2-27 提供的资讯单、决策计划单、实施单结合情境 1 已学的直流稳压电源知识技能完成消防应急灯的分析制作与调试。

表 2-25　简易消防应急灯的分析制作与调试资讯单

资讯单			
班级姓名学号		得分	
二极管整流稳压电路知识回顾			
晶体管分类与特性			
复合晶体管特性			
固定偏置共射放大电路静态工作点与动态指标			
分压式共射放大电路静态工作点与动态指标			
射极跟随器静态工作点与动态指标			
共集电极放大电路静态工作点与动态指标			
静态工作点与波形失真			

表 2-26　简易消防应急灯的分析制作与调试决策计划单

决策计划单			
班级学号姓名		得分	
电路设计思路	首先,市电正常工作时,220V、50Hz 的交流电经变压器降压并经整流滤波电路整流滤波成较稳定的脉动电流后分两路,一路给电池充电,一路经分压放大电路使晶体管工作在截止状态从而使灯不亮。火灾停电时,电池供电回路点亮灯,同时,二极管阻止电池向原电路供电。其原理框图如图 2.34 所示		

续表

决策计划单

班级学号姓名		得分	

电路设计思路	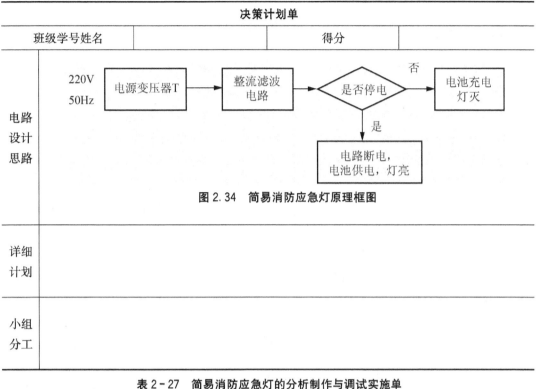

图2.34 简易消防应急灯原理框图

详细计划	
小组分工	

表2-27 简易消防应急灯的分析制作与调试实施单

实施单

班级姓名学号		得分	

电路设计	简易消防应急灯原理图，如图2.35所示。 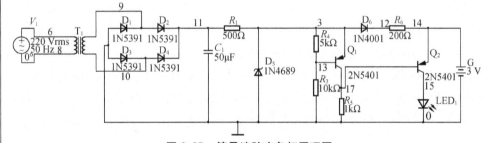 图2.35 简易消防应急灯原理图 原理说明：当市电正常时，220V交流电经变压器整流为5V，经 $D_1 \sim D_4$ 整流，C_1 滤波后，直流电一路经 D_6、R_6 限流，给电池G充电。另一路经 R_4、R_3 分压，使 Q_1 饱和，Q_2 基极高电位，Q_2 截止，所以 LED 不亮。当停电时，变压器失电，Q_1 失电截止，D_6 反偏截止，电源经过 Q_2、R_5 构成回路，Q_2 导通，LED 得电发光。D_6 同时起防止电池G向电路反送电作用
仿真调试	(1) 市电正常时，分别用万用表测出 Q_1 和 Q_2 各电极的电位，如图2.36所示，观测 LED 的亮灭情况，分析原因

实施单			
班级姓名学号		得分	

仿真
调试

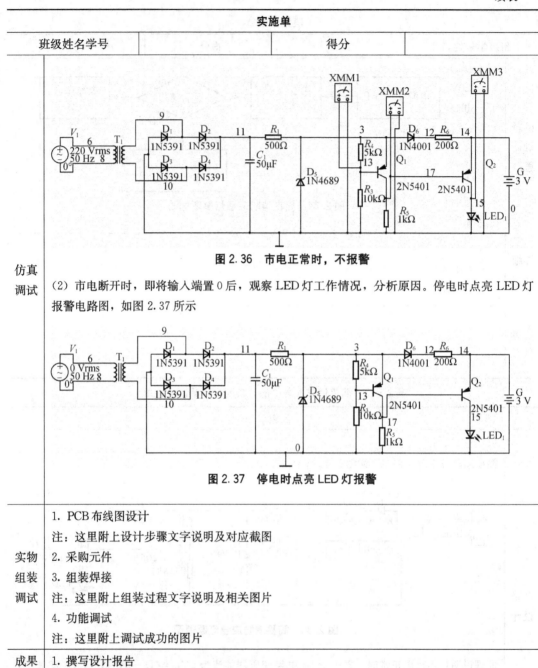

图 2.36　市电正常时，不报警

（2）市电断开时，即将输入端置 0 后，观察 LED 灯工作情况，分析原因。停电时点亮 LED 灯报警电路图，如图 2.37 所示

图 2.37　停电时点亮 LED 灯报警

实物组装调试	1．PCB 布线图设计
	注：这里附上设计步骤文字说明及对应截图
	2．采购元件
	3．组装焊接
	注：这里附上组装过程文字说明及相关图片
	4．功能调试
	注：这里附上调试成功的图片
成果展示	1．撰写设计报告
	2．制作 PPT，展示成果

本学习情境的评分表和评分标准分别见表 2－28 和表 2－29。

表 2-28　学习情境 2 评分表

评分表

班级学号姓名：		得分合计：		等级评定：	
评价分类列表		比值	小组评分20%	组间评分30%	教师评分50%
单元电路分析与调试		30			
综合实训	资讯	15			
	决策计划	5			
	实施	25			
	检查	5			
	评价	5			
	设计报告	10			
学习态度		5			

表 2-29　评分标准

学习情境 1：简易消防应急灯的制作与调试

评价分类列表		比值	评分标准	得分
消防应急灯单元电路分析与调试		30	能识别与测试晶体管 能分析与调试晶体管基本放大电路	
消防应急灯整机电路分析设计与调试	资讯	15	能尽可能全面地收集与学习情境相关的信息	
	决策计划	5	决策方案切实可行、实施计划周详实用	
	实施	25	掌握电路的分析、设计、组装调试等技能	
	检查	5	能正确分析故障原因并排除故障	
	评价	5	能对成果做出合理的评价	
	设计报告	10	按规范格式撰写设计报告	
学习态度		5	学习态度好，组织协调能力强，能组织本组进行积极讨论并及时分享自己的成果，能主动帮助其他同学完成任务	

课后思考与练习

一、思考题

1. 举例说明如何用小信号微变等效模型对放大电路进行动态分析。

2. 如何正确理解的放大电路的电压放大倍数、输入电阻、输出电阻？

3. 静态工作点选取不当会对放大电路的输出波形产生什么影响？当放大电路输出波形出现非线性失真时，如何消除？

4. 举例说明如何用估算法和图解法求放大电路静态的工作点。

5. 如何用万用表测试晶体管的电极和材料？

6. 共射极接法的晶体管输入输出特性曲线分别是怎样的？如何理解？

二、选择题

1. 有万用表测得 PNP 晶体管 3 个电极的电位分别是 $V_C = 6V$，$V_B = 0.7V$，$V_E = 1V$ 则晶体管工作在（   ）状态。

    A. 放大   B. 截止   C. 饱和   D. 损坏

2. 晶体管开作在放大区，要求（   ）。

    A. 发射结正偏，集电结正偏   B. 发射结正偏，集电结反偏

    C. 发射结反偏，集电结正偏   D. 发射结反偏，集电结反偏

3. 在放大电路中，场效应管应工作在漏极特性的（   ）。

    A. 可变线性区   B. 截止区   C. 饱和区   D. 击穿区

4. 一 NPN 型晶体管三极电位分别有 $V_C = 3.3V$，$V_E = 3V$，$V_B = 3.7V$，则该管工作在（   ）。

    A. 饱和区   B. 截止区   C. 放大区   D. 击穿区

5. 晶体管参数为 $P_{CM} = 800mW$，$I_{CM} = 100mA$，$U_{BR(CEO)} = 30V$，在下列几种情况中，（   ）属于正常工作。

    A. $U_{CE} = 15V$，$I_C = 150mA$ B. $U_{CE} = 20V$，$I_C = 80mA$

    C. $U_{CE} = 35V$，$I_C = 100mA$ D. $U_{CE} = 10V$，$I_C = 50mA$

6. 下列晶体管各个极的电位，处于放大状态的晶体管是（   ）。

    A. $V_C = 0.3V$，$V_E = 0V$，$V_B = 0.7V$ B. $V_C = -4V$，$V_E = -7.4V$，$V_B = -6.7V$

    C. $V_C = 6V$，$V_E = 0V$，$V_B = -3V$ D. $V_C = 2V$，$V_E = 2V$，$V_B = 2.7V$

7. 如果晶体管工作在截止区，两个 PN 结状态（   ）。

    A. 均为正偏   B. 均为反偏

    C. 发射结正偏，集电结反偏   D. 发射结反偏，集电结正偏

8. 场效应管工作在恒流区即放大状态时，漏极电流 ID 主要取决于（   ）。

    A. 栅极电流   B. 栅源电压   C. 漏源电压   D. 栅漏电压

9. 场效应管是一种（   ）器件。

    A. 电压控制 双极型   B. 电压控制 单极型

    C. 电流控制 双极型   D. 电流控制 单极型

10. 工作在放大区的某晶体管，如果当 I_B 从 $12\mu A$ 增大到 $22\mu A$ 时，I_C 从 $1mA$ 变为 $2mA$，那么它的 β 约为（   ）。

    A. 83   B. 91   C. 100

11. 工作于放大状态的 PNP 管，各电极必须满足（   ）。

    A. $U_C > U_B > U_E$ B. $U_C < U_B < U_E$ C. $U_B > U_C > U_E$ D. $U_C > U_E > U_B$

三、填空题

1. 晶体管工作在饱和区时发射结_____偏；集电结_____偏。

2. 晶体管按结构分为_____和_____两种类型，均具有两个 PN 结，即_____和_____。

3. 晶体管是_____控制器件，场效应管是_____控制器件。

4. 晶体管放大电路的性能指标分析，主要采用_____等效电路分析法。

5. 放大电路中，测得晶体管 3 个电极电位为 $U_1＝6.5V$，$U_2＝7.2V$，$U_3＝15V$，则该管是_____类型管，其中_____极为集电极。

6. 场效应管输出特性曲线的 3 个区域是_____、_____和_____。

7. 晶体管的发射结和集电结都正向偏置或反向偏置时，晶体管的工作状态分别是_____、_____和_____。

8. 场效应管同晶体管相比其输入电阻_____，热稳定性_____。

9. 采用微变等效电路法对放大电路进行动态分析时，输入信号必须是_____的信号。

10. 晶体管有放大作用的外部条件是发射结_____，集电结_____。

11. 在正常工作范围内，场效应管_____极无电流。

12. 晶体管按结构分为_____和_____两种类型，均具有两个 PN 结，即_____和_____。

13. 晶体管是一种_____控制_____器件，而场效应管是一种_____控制_____器件。

14. 若一晶体管在发射结加上反向偏置电压，在集电结上也加上反向偏置电压，则这个晶体管处于_____状态。

15. 作放大作用时，场效应管应工作在_____（截止区，饱和区，可变电阻区）。

16. 晶体管用于放大时，应使发射极处于_____偏置，集电极处于_____偏置。

四、判断题

1. 可以说任何放大电路都有功率放大作用。   （　　）
2. 放大电路中输出的电流和电压都是由有源元件提供的。   （　　）
3. 电路中各电量的交流成分是交流信号源提供的。   （　　）
4. 放大电路必须加上合适的直流电源才能正常工作。   （　　）
5. 由于放大的对象是变化量，所以当输入信号为直流信号时，任何放大电路的输出都毫无变化。   （　　）
6. 只要是共射放大电路，输出电压的底部失真都是饱和失真。   （　　）

五、综合题

1. 画出图 2.38 所示各电路的直流通路和交流通路。设所有电容对交流信号均可视为短路。

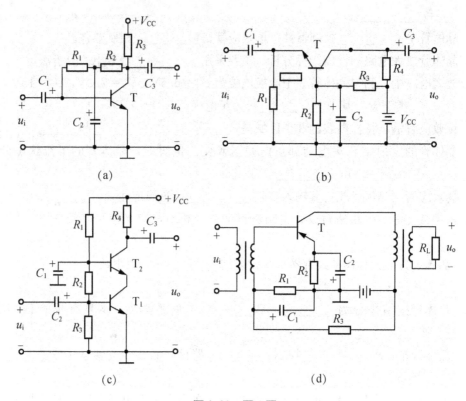

图 2.38 题 1 图

2. 电路如图 2.39(a)所示，图 2.39(b)是晶体管的输出特性，静态时 $U_{BEQ}=0.7V$。利用图解法分别求出 $R_L=\infty$ 和 $R_L=3k\Omega$ 时的静态工作点和最大不失真输出电压 U_{om}（有效值）。

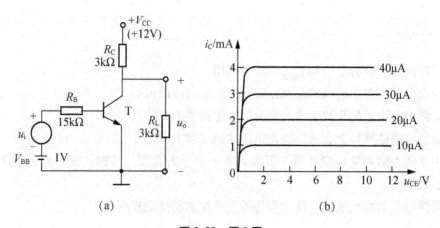

图 2.39 题 2 图

3. 电路如图 3.40 所示，晶体管的 $\beta=80$，$r'_{bb}=100\Omega$。分别计算 $R_L=\infty$ 和 $R_L=3k\Omega$ 时的 Q 点、A_u、R_i 和 R_o。

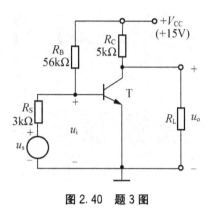

图 2.40　题 3 图

4. 电路如图 2.41 所示，晶体管的 $\beta=100$，$r'_{bb}=100\Omega$。

(1) 求电路的 Q 点、$\dot{A}_u$、R_i 和 R_o；

(2) 若电容 C_E 开路，则将引起电路的哪些动态参数发生变化？如何变化？

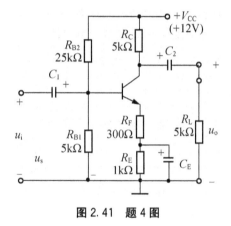

图 2.41　题 4 图

学习情境3

火灾报警器的制作与调试

↘ 学习目标

能力目标：能分析并调试集成运放的内部组成电路，主要包括晶体管差动放大电路、多级放大电路、功率放大电路、负反馈放大电路；能分析并调试集成运放基本应用电路；能用集成运放制作并调试简易的火灾报警电路。

知识目标：理解组成集成运放的核心电路单元多级放大电路、晶体管差动放大电路、功率放大电路、负反馈放大电路的工作原理，理解集成运放基本应用电路的工作原理，掌握用集成运放设计简单应用产品的方法。

↘ 学习情境背景

随着社会的不断发展，在社会财富日益增多的同时，导致发生火灾的危险源也在增多，火灾的危害性也越来越大。据统计，我国20世纪70年代火灾年平均损失不到2.5亿元；80年代火灾年平均损失不到3.2亿元；进入90年代，特别是1993年以来，火灾造成的直接财产损失上升到年均十几亿元，年均死亡2000多人。实践证明，随着社会和经济的发展，消防工作的重要性就越来越突出。火灾报警器是为了能在火灾发生第一时间及时报警以便及时施救减少损失而开发的电子产品。它使用广泛，只要留意，大家很容易在一般的公共场合看到各种类型的火灾报警器，图3.1所示为本课程合作企业实际生产的一款火灾报警器。为了方便学习模拟电路中的集成运放及其应用相关知识，模仿图3.1所示消防应急灯的功能以集成运放作为核心元件设计了类似功能的仿真火灾报警器，该报警器主要根据温度的变化来辨别是否发生火灾，如果发生火灾即启动声光报警系统，电路原理如图3.2所示。

图 3.1 实际生产的火灾报警器

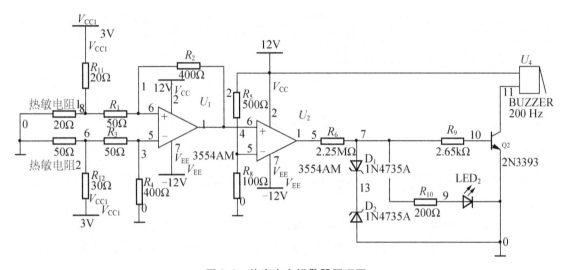

图 3.2 仿真火灾报警器原理图

学习情境组织

本学习情境的核心元器件是集成运放，为了顺利完成该学习情境，将本学习情境分为 5 个单元任务和一个综合实训任务，具体内容组织见表 3-1。

表 3-1 学习情境 3 内容组织

学习情境 3：火灾报警器的制作与调试			
	比值	子任务	得分
火灾报警器单元电路的分析与调试	30	任务 3.1 集成运放差动输入级的分析与调试	
		任务 3.2 集成运放中间级多级放大电路的分析与调试	
		任务 3.3 集成运放功放输出级的分析与调试	
		任务 3.4 集成运放中的负反馈	
		任务 3.5 集成运放基本特性及基本应用电路的分析与调试	

学习情境3：火灾报警器的制作与调试

		比值	子任务	得分
火灾报警器的分析设计与调试	资讯	15	能尽可能全面地收集与学习情境相关的信息	
	决策计划	5	决策方案切实可行、实施计划周详实用	
	实施	25	掌握电路的分析、设计、组装调试等技能	
	检查	5	能正确分析故障原因并排除故障	
	评价	5	能对成果做出合理的评价	
	设计报告	10	按规范格式撰写设计报告	
学习态度		5	学习态度好，组织协调能力强，能组织本组进行积极讨论并及时分享自己的成果，能主动帮助其他同学完成任务	

课 前 预 习

1. 什么是零点漂移？产生原因是什么？差动放大电路结构有何特点？差动放大电路抑制零点漂移的原理是什么？

2. 什么是差模输入信号？什么是共模输入信号？什么是共模抑制比？

3. 射极耦合差动放大电路有几种输入输出方式？不同方式的电压放大倍数，输入电阻和输出电阻有什么特点？

4. 多级放大电路常见的耦合方式有哪几种？各自的优缺点是什么？

5. 多级放大电路的电压放大倍数、输入电阻和输出电阻有何特点？

6. 什么是功率放大电路？功放电路与共射(共集、共基)放大电路有什么区别？功放电路应满足哪些基本性能要求？

7. 功率放大电路中晶体管有几种工作状态？各自的特点是什么？

8. OTL乙类互补对称功率放大电路和OCL互补对称功率放大电路的电路结构、工作原理和电路参数分别是什么？

9. 反馈电路类型有几种？判断规则分别是什么？

10. 集成运放的内部结构是怎样的？

11. 如何用集成运放构成电压比较电路？

12. 如何用集成运放构成波形发生电路？

任务 3.1　集成运放差动输入级的分析与调试

3.1.1　基本差动放大电路

1. 电路特点

两只完全相同的管子；两个输入端，两个输出端；元件参数对称。差动放大电路图如图 3.3 所示。

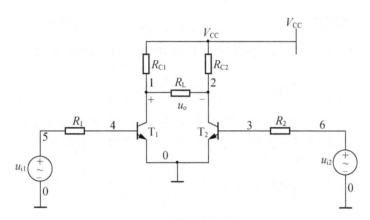

图 3.3　差动放大电路

2. 抑制零点漂移原理

静态时，输入信号为零。由于两管特性相同，所以当温度或其他外界条件发生变化时，两管的集电极电流 I_{CQ1} 和 I_{CQ2} 的变化规律始终相同，结果使两管的集电极电位 U_{CQ1}、U_{CQ2} 始终相等，从而使 $U_{OQ} = U_{CQ1} - U_{CQ2} \equiv 0$，因此消除了零点漂移。

3. 信号输入方式和信号响应

（1）差模输入方式如下。

$U_{i1} = U_{id}$，$U_{i2} = -U_{id}$，差模输入信号为 $U_{i1} - U_{i2} = 2U_{id}$，$A_d = \dfrac{U_{od}}{2U_{id}} = A_{u1}$。

结论：差模电压放大倍数等于半电路电压放大倍数。

（2）共模输入方式如下。

在共模输入信号作用下，差放两半电路中的电流和电压的变化完全相同。$U_{i1} = U_{i2} = U_{ic}$，$U_{oc} = 0$，$A_c = U_{oc}/U_{ic} = 0$。

（3）任意输入方式：两个输入信号电压的大小和相对极性是任意的，既非共模，又非差模，这种输入方式带有一般性，叫"任意输入方式"。它可以分解为一对共模信号和一对差模信号的组合，即 $u_{i1}=u_{ic}+u_{id}$，$u_{i2}=u_{ic}-u_{id}$，式中 u_{ic} 为共模信号，u_{id} 为差模信号。u_{i1} 和 u_{i2} 的平均值是共模分量 u_{ic}；u_{i1} 和 u_{i2} 的差值是差模分量 u_{id}，即 $u_{ic}=\frac{1}{2}(u_{i1}+u_{i2})$，$u_{id}=(u_{i1}-u_{i2})$。

4. 共模抑制比

对于差动电路来说，差模信号是有用信号，要求对差模信号有较大的放大倍数；而共模信号是干扰信号，因此对共模信号的放大倍数越小越好。对共模信号的放大倍数越小，就意味着零点漂移越小，抗共模干扰的能力越强，当用作差动放大时，就越能准确、灵敏地反映出信号的偏差值。

在一般情况下，电路不可能绝对对称，$A_{uc}\neq0$。为了全面衡量差动放大电路放大差模信号和抑制共模信号的能力，引入共模抑制比，以 K_{CMR} 表示。共模抑制比定义为 A_{ud} 与 A_{uc} 之比的绝对值，即 $K_{CMR}=\left|\dfrac{A_{ud}}{A_{uc}}\right|$，实际中还常用对数的形式表示共模抑制比，即 $K_{CMR}(dB)=20\lg\left|\dfrac{A_{ud}}{A_{uc}}\right|$，若 $A_{uc}=0$，则 $K_{CMR}\to\infty$，这是理想情况。这个值越大，表示电路对共模信号的抑制能力越好。一般差动放大电路的 K_{CMR} 约为 60dB，较好的可达 120dB。

基本差动放大电路的不足："双端输出"时，不可能完全抑制零漂；"单端输出"时，对零漂毫无抑制能力。

改进：引入射极耦合差动放大电路。

3.1.2 射极耦合差动放大电路

1. 双端输入双端输出

双端输入双端输出射极耦合差动放大电路，如图 3.4 所示。

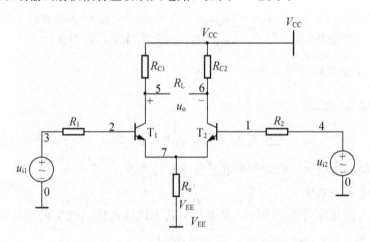

图 3.4 双端输入双端输出射极耦合差动放大电路

（1）静态分析：取 $u_{i1}=u_{i2}=0$，如图 3.5 所示。

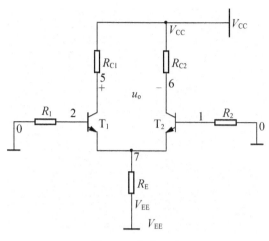

图 3.5　直流通路

由于流过 R_E 的电流为 I_{E1} 和 I_{E2} 之和，又由于电路的对称性，则 $I_{E1}=I_{E2}$，流过 R_E 的电流为 $2I_{E1}\cdot I_{RE}=I_{E1}+I_{E2}=2I_E$，所以 $U_{RE}=I_{RE}R_E=2I_E R_E=I_E(2R_E)$。由于电路完全对称，因此两管的静态工作点相同。

$$I_{BQ}\cdot R_1+U_{BEQ}+2I_{EQ}\cdot R_E=U_{EE}$$

$$I_{EQ}=(1+\beta)I_{BQ}$$

$$I_{BQ}=\frac{U_{EE}-U_{BEQ}}{R_1+2(1+\beta)R_e}$$

$$I_{CQ}=\beta I_{BQ}$$

$$U_{CEQ}=U_{CC}+U_{EE}-I_{CQ}R_C-2I_{EQ}\cdot R_E$$

所以，R_E、V_{EE} 确定后，工作点就确定了。

（2）差模输入动态分析如图 3.6 所示。

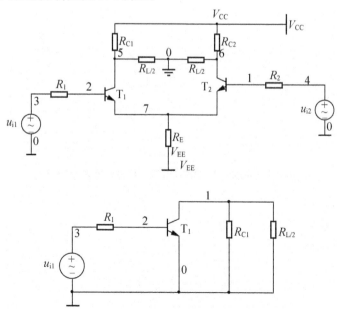

图 3.6　交流通路及微变等效电路

差模电压放大倍数：

$$A_{ud1} = \frac{U_{od1}}{U_{id1}} = -\beta \frac{R_C /\!/ \dfrac{R_L}{2}}{R + r_{be1}}$$

$$A_{ud2} = \frac{U_{od2}}{U_{id2}} = -\beta \frac{R_C /\!/ \dfrac{R_L}{2}}{R + r_{be2}}$$

$$A_{ud} = \frac{U_{od1} - U_{od2}}{U_{id1} - U_{id2}} = \frac{2U_{od1}}{2U_{id1}} = A_{ud1} = A_{ud2}$$

或

$$A_d = \frac{U_{od}}{2U_{id}} = -\frac{\beta R_L'}{R_1 + r_{be}}$$

差模输入电阻：

$$R_{id} = 2(R_1 + r_{be})$$

差模输出电阻：

$$R_{od} = 2R_C$$

共模电压放大倍数：

$$A_{uc} = \frac{u_{oc}}{u_{ic}} = \frac{u_{oc1} - u_{oc2}}{u_{ic}} \approx 0$$

2. 双端输入单端输出

双端输入单端输出射极耦合差动放大电路，如图 3.7 所示。

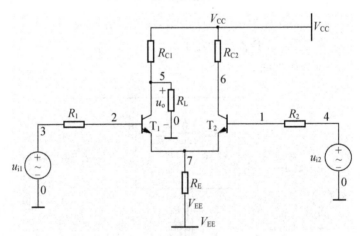

图 3.7 双端输入单端输出射极耦合差动放大电路

（1）静态分析：略。

（2）动态分析如下。

差模电压放大倍数：

$$A_{ud1} = -\frac{1}{2} \frac{\beta(R_C /\!/ R_L)}{R_1 + r_{be}}$$

$$A_{ud2} = +\frac{1}{2}\frac{\beta(R_C/\!/R_L)}{R_1 + r_{be}}$$（放大倍数的正负号：设从 T_1 的基极输入信号，如果从 C_1 输出，为负号；从 C_2 输出为正号。）

差模输入电阻

$$R_{id} = 2(R_1 + r_{be})$$

差模输出电阻

$$R_{od} = R_C$$

共模电压放大倍数：

$$A_{uc} = \frac{u_{oc1}}{u_{ic}} = -\frac{\beta R'_L}{R_1 + r_{be} + (1+\beta)2R_E} \approx -\frac{R'_L}{2R_E}$$

3. 单端输入双端输出

（1）静态分析：同双端输入双端输出。

（2）动态分析：$u_{i1} = u_i$，$u_{i2} = 0$，$u_{id} = \dfrac{u_{i1} - u_{i2}}{2} = \dfrac{u_i}{2}$，$u_{ic} = \dfrac{u_{i1} + u_{i2}}{2} = \dfrac{u_i}{2}$

4. 单端输入单端输出

（1）静态分析：同双端输入单端输出。
（2）动态分析：同双端输入单端输出。

5. 增加调零电阻后4种接法下的性能分析比较

（1）差模电压放大倍数与单端输入还是双端输入无关，只与输出方式有关。
双端输出时：

$$A_{ud} = -\frac{\beta\left(R_C /\!/ \dfrac{R_L}{2}\right)}{R_1 + r_{be} + (1+\beta)\dfrac{R_P}{2}}$$

单端输出时：

$$A_{ud} = \pm\frac{\beta(R_C /\!/ R_L)}{2\left[R_1 + r_{be} + (1+\beta)\dfrac{R_P}{2}\right]}$$

（2）共模电压放大倍数与单端输入还是双端输入无关，只与输出方式有关。
双端输出时：

$$A_{uc} = 0$$

单端输出时：

$$A_{uc} \approx -\frac{R'_L}{2R_E}$$

（3）差模输入电阻不论是单端输入还是双端输入，差模输入电阻 R_{id} 是基本放大电路的两倍。

$$R_i = 2\left(R_1 + r_{be} + (1+\beta)\frac{R_P}{2}\right)$$

（4）输出电阻：双端输出时 $R_o = 2R_C$；单端输出时 $R_o = R_C$。

⑤ 共模抑制比：双端输出时 K_{CMR} 为无穷大，单端输出时 K_{CMR} 如下。

$$K_{CMR} = \left|\frac{A_{ud}}{A_{uc}}\right| \approx \frac{\beta R_E}{R_1 + r_{be} + (1+\beta)\frac{R_P}{2}}$$

 动手做做看

典型差动放大电路的调试（差动放大电路如图3.8所示）

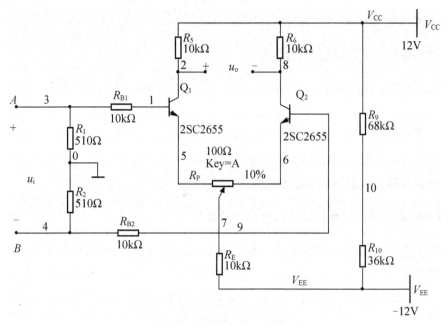

图3.8 差动放大电路

1）测量静态工作点

（1）调节放大器零点：不接入信号源，将放大器输入端 A、B 与地短接，接通±12V 直流电源，用直流电压表测量输出电压 U_o，调节调零电位器 R_P，使 $U_o = 0$。

（2）测量静态工作点：零点调好以后，用直流电压表测量 Q_1、Q_2 管各电极电位及射极电阻 R_E 两端电压 U_{RE}，记入表3-2。

表3-2 静态工作点电压

	U_{C1}/V	U_{B1}/V	U_{E1}/V	U_{C2}/V	U_{B2}/V	U_{E2}/V	U_{RE}/V
测量值							
计算值	I_C/mA			I_B/mA			U_{CE}/V

2）测量差模电压放大倍数和共模电压放大倍数

（1）断开直流电源，将函数信号发生器的输出端接放大器输入 A 端，地端接放大器输入 B 端构成单端输入方式，调节输入信号，并使输出旋钮旋至零，用示波器监视输出端（集电极 C_1 或 C_2 与地之间）。接通±12V 直流电源，逐渐增大输入电压 u_i，在输出波形无失真的情况下，用交流毫伏表测 u_i、u_{C1}、u_{C2}，记入表 3-3 中，并观察 u_i、u_{C1}、u_{C2} 之间的相位关系及 U_{RE} 随 u_i 改变而变化的情况。

（2）将放大器 A、B 短接，信号源接 A 端与地之间，构成共模输入方式，调节输入信号，在输出电压无失真的情况下，测量 u_{C1}、u_{C2} 之值记入表 3-3，并观察 u_i、u_{C1}、u_{C2} 之间的相位关系及 U_{RE} 随 U_i 改变而变化的情况。

表 3-3　测试数据

	单端输入	共模输入
u_i		
u_{C1}/V		
u_{C2}/V		
$A_{d1}=u_{C1}/u_i$		—
$A_d=u_o/u_i$		—
$A_{c1}=u_{C1}/u_i$	—	
$A_c=u_0/u_i$	—	
$K_{CMR}=\lvert A_{d1}/A_{c1}\rvert$		

任务 3.2　集成运放中间级多级放大电路的分析与调试

为了获得更高的电压放大倍数，可以把多个基本放大电路连接起来，组成多级放大电路。其中每一个基本放大电路叫做一级，而级与级之间的连接方式则叫做耦合方式。

3.2.1　极间耦合

1. 阻容耦合

阻容耦合通过电容器将后级电路与前级相连接，阻容耦合放大电路，如图 3.9 所示。

优点：①各级的直流工作点相互独立。由于电容器隔直流而通交流，所以它们的直流通路相互隔离、相互独立的，这样就给设计、调试和分析带来很大方便。②在传输过程中，交流信号损失少。只要耦合电容选得足够大，则较低频率的信号也能由前级几乎不衰减地加到后级，实现逐级放大。③电路的温漂小。④体积小，成本低。

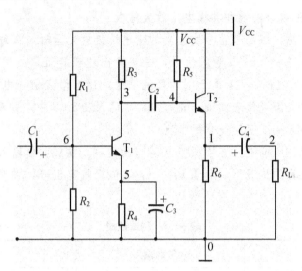

图 3.9 阻容耦合放大电路

缺点：无法集成；低频特性差。

应用场合：用于交流信号的放大。

2. 变压器耦合

变压器耦合通过变压器将后级电路与前级相连接。

优点：①变压器耦合多级放大电路前后级的静态工作点是相互独立、互不影响的。因为变压器不能传送直流信号。②变压器耦合多级放大电路基本上没有温漂现象。③变压器在传送交流信号的同时，可以实现电流、电压以及阻抗变换。

缺点：①高频和低频性能都很差。②体积大，成本高，无法集成。

应用场合：用于功率放大及调谐放大。

3. 直接耦合

直接耦合用导线直接将前后级相连。

优点：①电路可以放大缓慢变化的信号和直流信号。由于级间是直接耦合，所以电路可以放大缓慢变化的信号和直流信号。②便于集成。由于电路中只有晶体管和电阻，没有电容器和电感器，因此便于集成。

缺点：①各级的静态工作点不独立，相互影响，会给设计、计算和调试带来不便。②引入了零点漂移问题。零点漂移对直接耦合放大电路的影响比较严重，输入级的零点漂移会逐级放大，在输出端造成严重的影响。当温度变化较大，放大电路级数多时，造成的影响尤为严重。

零点漂移：输入信号为零时，输出不为零的信号。

应用场合：一般用于放大直流信号或缓慢变化的信号。

3.2.2 静态分析

变压器耦合和阻容耦合多级放大电路的静态分析类似于单级放大电路。直接耦合多级放大电路静态分析可以根据电路的约束条件和管子的 I_B、I_C 和 I_E 的相互关系，列出方程组求解。

3.2.3 动态分析

多级放大电路框图如图 3.10 所示。

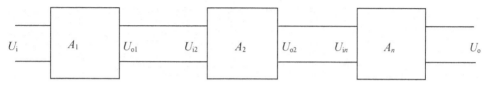

图 3.10　多级放大电路框图

电压放大倍数：多级放大电路总电压放大倍数等于各级电压放大倍数的乘积，即

$$\dot{A}_u = \frac{\dot{U}_o}{\dot{U}_i} = \frac{\dot{U}_{o1}}{\dot{U}_i} \cdot \frac{\dot{U}_{o2}}{\dot{U}_{i2}} \cdots \frac{\dot{U}_o}{\dot{U}_{in}} = \dot{A}_{u1} \cdot \dot{A}_{u2} \cdots \dot{A}_{un} (n \text{ 为多级放大电路的级数})。$$

输入输出电阻：多级放大电路的输入电阻就是输入级的输入电阻 $R_i = R_{i1}$。

输出电阻：$R_o = R_{on}$。具体计算时，要考虑到后级输入电阻作为前级的负载；前级输出电阻视为后级的信号源内阻。

例 3-1　如图 3.11 所示的两级电压放大电路，已知 $\beta_1 = \beta_2 = 50$，T_1 和 T_2 均为 3DG8D。计算前、后级放大电路的静态值($U_{BE} = 0.6V$)及电路的动态参数。

静态分析：两级放大电路的静态值可分别计算。

第一级是射极跟随器：

$$I_{B1} = \frac{U_{CC} - U_{BE}}{R_{B1} + (1+\beta)R_{E1}} = \frac{24 - 0.6}{1000 + (1+50) \times 27} mA = 9.8 \mu A$$

$$I_{E1} = (1+\beta)I_{B1} = (1+50) \times 0.0098 mA = 0.49 mA$$

$$U_{CE} = U_{CC} - I_{E1}R_{E1} = (24 - 0.49 \times 27)V = 10.77V$$

第二级是分压式偏置共射放大电路：

$$V_{B2} = \frac{U_{CC}}{R'_{B1} + R'_{B2}} R'_{B2} = \frac{24}{82 + 43} \times 43V = 8.26V$$

$$I_{C2} = \frac{U_{B2} - U_{BE2}}{R''_{E2} + R'_{E2}} = \frac{8.26 - 0.6}{0.51 + 7.5} mA = 0.96 mA$$

$$I_{B2} = \frac{I_{C2}}{\beta_2} = \frac{0.96}{50} mA = 19.2 \mu A$$

$$U_{CE2} = U_{CC} - I_{C2}(R_{C2} + R''_{E2} + R'_{E2}) = [24 - 0.96(10 + 0.51 + 7.5)]V = 6.71V$$

动态分析：先画出微变等效电路如图 3.12 所示。

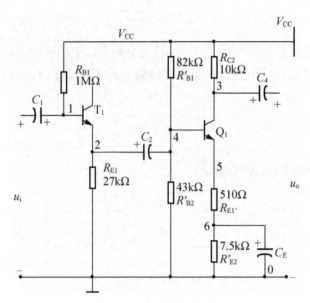

图 3.11 两级放大电路

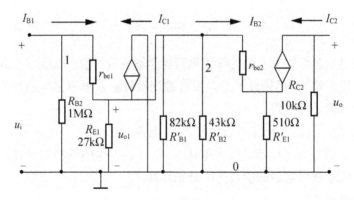

图 3.12 微变等效电路

输入输出电阻：由等效电路可知，放大电路的输入电阻 r_i 等于第一级的输入电阻 r_{i1}。第一级是射极输出器，它的输入电阻 r_{i1} 与负载有关，而射极输出器的负载即是第二级输入电阻 r_{i2}。

$$r_{be2} = 200 + (1+\beta)\frac{26}{I_E} = \left(200 + 51\frac{26}{0.96}\right)\Omega = 1.58\text{k}\Omega$$

$$r_{i2} = R'_{B1} \mathbin{/\!/} R'_{B2} \mathbin{/\!/} \left[r_{be2} + (1+\beta)R''_{E2}\right] = 14\ \text{k}\Omega$$

$$R'_{L1} = R_{E1} \mathbin{/\!/} r_{i2} = \frac{27\times14}{27+14}\text{k}\Omega = 9.22\ \text{k}\Omega$$

$$r_{be1} = 200 + (1+\beta_1)\frac{26}{I_{E1}} = \left[200 + (1+50)\times\frac{26}{0.49}\right]\Omega = 3\ \text{k}\Omega$$

$$r_i = r_{i1} = R_{B1} \mathbin{/\!/} \left[r_{be1} + (1+\beta)R'_{L1}\right] = 320\ \text{k}\Omega$$

$$r_o = r_{o2} = R_{C2} = 10\text{k}\Omega$$

各级放大倍数及总电压放大倍数如下。

$$A_{u1}=\frac{(1+\beta_1)R'_{L1}}{r_{be1}+(1+\beta_1)R'_{L1}}=\frac{(1+50)\times 9.22}{3+(1+50)\times 9.22}=0.994$$

$$A_{u2}=-\beta\frac{R_{C2}}{r_{be2}+(1+\beta_2)R''_{E2}}=-50\times\frac{10}{1.79+(1+50)\times 0.51}=-18$$

$$A_u=A_{u1}\times A_{u2}=0.994\times(-18)=-17.9$$

动手做做看

多级放大电路的调试(电路如图3.13所示)

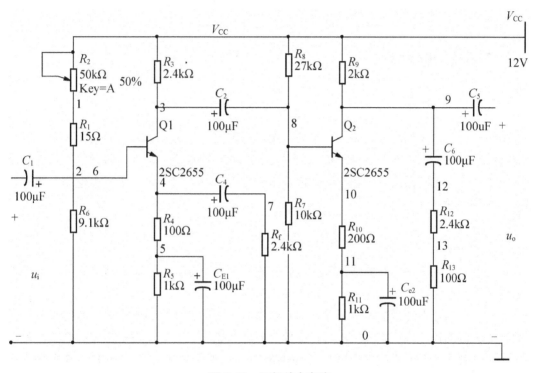

图3.13　两级放大电路

(1) 测试静态工作点：令 $V_{CC}=+12$V，调节 R_2，使放大器第一级工作点 $V_{E1}=$ 1.6V，用数字万用表测量各引脚电压并记录于表3-4中。

表3-4　两级放大电路静态工作点的测量

U_{B1}	U_{C1}	U_{E1}	U_{B2}	U_{C2}	U_{E2}

(2) 接入信号源 $u_i=10$mV，用示波器分别观察第一级、第二级放大电路的输入输出波形，在波形不失真的情况下，用万用表测量并记录在表3-5中。

表 3-5 测量数据及计算结果

输入输出电压						电压放大倍数		
第一级		第二级		整个电路		第一级	第二级	整个电路
u_{i1}	u_{o1}	u_{i2}	u_{o2}	u_i	u_o	A_{u1}	A_{u2}	A_u

任务 3.3　集成运放功放输出级的分析与调试

3.3.1　功率放大电路概述

1. 功率放大电路

功率放大电路简称功放，是一种能够向负载电路提供足够功率输出的放大电路。其用途非常广泛，例如：收音机、录音机、电视机、汽车等的音响、喇叭之前的电路必有功率放大电路；一些测控系统中的控制电路部分也必存在功放电路。它对应分立电路、集成电路两种电路形式。

2. 功放电路与共射(共集、共基)放大电路的区别

相同点：同为由晶体管构成的放大电路；本质同为对能量的控制与转换，即将电路中直流电源的能量转换为信号的能量，提供给负载电路。

不同点：对输出电量的要求不同，共射(共集、共基)放大电路要求输出端能够向负载电路提供一定的输出电压或输出电流，因此又被称为电压放大电路或电流放大电路；而功率放大电路要求电路输出端向负载电路提供足够的功率输出，由 $P=UI$ 知，要求输出电压和输出电流的值都较大。功率放大电路中的晶体管称为"功放管"，共射(共集、共基)放大电路中的晶体管称为"放大管"。功放电路中的功放管工作于"大信号状态"下；共射(共集、共基)放大电路中的晶体管工作于"小信号状态"下。

3. 功放电路应满足的基本性能要求

(1) 根据负载电路要求，提供所需功率。

最大输出功率 P_{om}：指功放电路在输入信号为正弦波，并且输出波形基本不失真状态下，负载电路可获得的最大交流功率。在数值上等于在电路最大不失真状态下的输出电压有效值和输出电流有效值的乘积，即 $P_{om}=U_o \times I_o$。

(2) 具有较高的转换效率 η。

转换效率 η：指电路最大输出功率与直流电源所提供的直流功率之比，即：$\eta=\dfrac{P_{om}}{P_V}$；

P_V 为功放电路中电流的平均值与直流电源电压值的乘积。

（3）非线性失真要小。对于同一功放管而言，输出的功率越大，输出波形非线性失真就越严重。因此，对于功放电路而言，其输出功率与输出波形的非线性失真度是一对矛盾。在实际应用中，一般是根据实际需要，人为规定一个允许的失真度。

4. 功率放大电路中晶体管的工作状态

（1）甲类状态：Q 点位置设置合理，晶体管在输入信号的整个周期内（2π）都是导通工作的，即其导通角 $\theta=360°$，这称为晶体管工作于甲类状态。甲类状态下，即使电路 $u_i=0$，也会较大值的 I_{CQ} 流经集电结，在电路内部产生功率损耗。所对应的 η 最大取值只为 50%。

（2）甲乙类状态：晶体管的 Q 点位置偏下，I_{CQ} 值降低，晶体管只能在输入信号的大半个周期内导通工作，此种状态下晶体管的导通角 $\theta=180°\sim360°$，称晶体管工作于甲乙类状态。这种工作状态对应的放大电路内部功耗降低，η 提高。

（3）乙类状态：Q 点下移至横坐标轴上，即只让晶体管在输入正弦波的半个周期内导通工作，导通角 $\theta=180°$，此种情况，称晶体管工作于乙类状态，即当电路的 $u_i=0$ 时，电路中的 $I_{CQ}=0$，内部功耗达到最小，η 可高达 78.5%。

3.3.2　OTL 乙类互补对称功率放大电路

OTL 功率放大电路如图 3.14 所示。

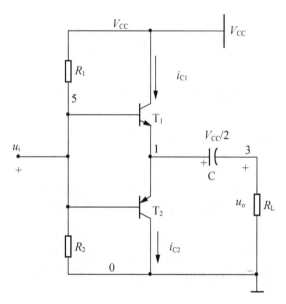

图 3.14　OTL 功率放大电路

1. 结构特点

（1）T_1 和 T_2 分别由 NPN 和 PNP 管组成，然后共同对 R_L 组成射极输出器。

（2）电路只有一个电源，NPN 管由 V_{CC} 供电，PNP 管由电容 C 供电。R_1 和 R_2 分别

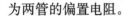

为两管的偏置电阻。

（3）电路不使用变压器，用电容 C 来耦合，所以称为 OTL 电路。电路由两管轮流工作，互补对称输出，各处理正弦信号的 180°，故又称为乙类互补对称电路。T_1 导电是靠 V_{CC} 供电，T_2 导电是靠 C 供电。所以 C 必须非常大，否则在负半周会供电不足产生失真。

2. 原理分析

（1）静态时：合理选取 R_1、R_2，使两管均微通，其发射极电位为 $V_{CC}/2$。大电容 C 已充满电，U_C 也为 $V_{CC}/2$。

（2）u_i 为正半周时：T_1 放大、T_2 截止。其正半周的信号通过 T_1 管、C 到达负载。T_1 的供电电压为：$V_{CC}-U_C=V_{CC}-V_{CC}/2=V_{CC}/2$。

（3）当 u_i 为负半周时：T_1 截止、T_2 放大。其负半周的信号通过 T_2 管和电容 C 到达负载。T_2 的供电电压为：$U_C=-V_{CC}/2$。

（4）T_1 和 T_2 各负责输入信号半周波形的放大。所以在负载上 $i_{RL}=i_{C1}-i_{C2}$，合成了一个完整的正弦波。

3. 电路参数

最大输出功率：$P_{om}=\dfrac{1}{2}\dfrac{\left(\dfrac{V_{CC}}{2}-U_{CES}\right)^2}{R_L}\approx\dfrac{V_{CC}^2}{8R_L}$

直流电源 V_{CC} 消耗的功率：$P_V=\dfrac{V_{CC}(V_{CC}/2-U_{CES})}{\pi R_L}\approx\dfrac{V_{CC}^2}{2\pi R_L}$

最大效率：$\eta_m=\dfrac{P_{om}}{P_V}\times100\%=\dfrac{\dfrac{1}{8}\dfrac{V_{CC}^2}{R_L}}{\dfrac{V_{CC}^2}{2\pi R_L}}\times100\%=\dfrac{\pi}{4}\times100\%=78.5\%$

每个晶体管的最大功耗：$P_{Tm}=0.2P_{om}$

4. 优缺点

优点：效率高，理想情况下最在可达到 78.5%，在静态时，$i_{C1}=i_{C2}=0$，即静态功耗为 0。

缺点：在输入信号为 0 附近的区域内，T_1 和 T_2 都不导通，因此会出现交越失真。所以上电路若不改进，则没有实用的价值。

5. 交越失真

（1）原因：在输入信号正半周或者负半周的起始段，T_1、T_2 都处在截止状态，所以这一段输出信号出现了失真，大家称此现象为交越失真。

（2）克服交越失真的方法：在两个互补管的基极引入电阻 R、D_1 和 D_2 支路，保证电路在静态时或起始段，T_1 和 T_2 都处在导通状态，这样就克服了两管都截止的情况，保证了输出信号不出现了失真。如图 3.15 所示，在这个互补对称放大电路中，每管的导电角（工作区）大于 180°，小于 360°，因此称为甲乙类放大电路。

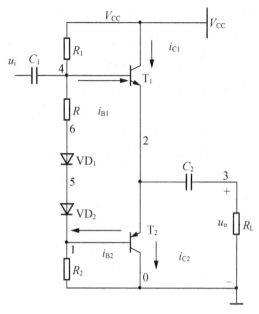

图 3.15 克服交越失真的 OTL 甲乙类互补对称电路

原理分析如下。

（1）静态时：由 R 和 D_1、D_2 在两个晶体管的基极上产生一个偏压，使 T_1 和 T_2 微微导通。所以 $u_i = 0$ 时，T_1 和 T_2 有一个小小的集流。但是，$i_L = 0$。

（2）当 u_i 正半周时，i_{C1} 逐渐增大，T_1 在放大区工作，i_{C2} 逐渐减小，T_2 进入截止区。

（3）当 u_i 负半周时，i_{C2} 逐渐增大，T_2 在放大区工作，i_{C1} 逐渐减小，T_1 进入截止区。

（4）在 u_i 整个周期内，负载 R_L 上得到了比较理想的正弦波，减小了交越失真。

此电路的参数计算，可以近似用乙类互补电路的公式计算，此电路的交越失真小，效率也不错，故应用非常广泛。缺点是：电容体积大，不易集成化；低频效果差，不适用高档音响设备。

3.3.3 OCL 互补对称电路

1. 电路结构

电路结构彻底实现了直接耦合，采用了两路电源（用 $-V_{CC}$ 替代了 OTL 电路中的 U_C），分别为 T_1 和 T_2 供电，如图 3.16 所示。

2. 工作原理与电路参数

工作原理：与 OTL 电路基本相同，但供电方式不同。

电路参数如下。

电子电路分析与调试

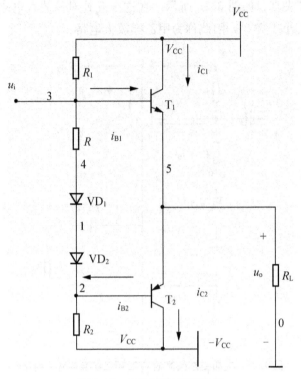

图 3.16 OCL 互补对称电路

最大输出功率：$P_{om} = \dfrac{1}{2} \dfrac{(V_{CC} - U_{CES})^2}{R_L} \approx \dfrac{V_{CC}^2}{2R_L}$

直流电源 V_{CC} 消耗的功率：

$$P_V = \frac{2V_{CC}(V_{CC} - U_{CES})}{\pi R_L} \approx \frac{2V_{CC}^2}{\pi R_L}$$

最大效率：

$$\eta_m = \frac{P_{om}}{P_V} \times 100\% = \frac{\dfrac{V_{CC}^2}{2R_L}}{\dfrac{2V_{CC}^2}{\pi R_L}} \times 100\% = \frac{\pi}{4} \times 100\% = 78.5\%$$

每个晶体管的最大功耗：

$$P_{Tm} = 0.2 P_{om}$$

3. 优缺点

优点：兼顾了 OTL 电路的所有优点，并省去了电容 C，便于集成化；改善了低频响应。

缺点：由于负载直接与射极相连，一旦晶体管损坏，V_{CC} 形成的大电流将直接流过负载，若时间稍长必定会造成负载烧毁。在实用电路中常采用熔丝与负载串联，或启用二极管、晶体管保护电路。

3.3.4 采用复合管的功率放大电路

复合管组成的功率输出级电路如图 3.17 所示。

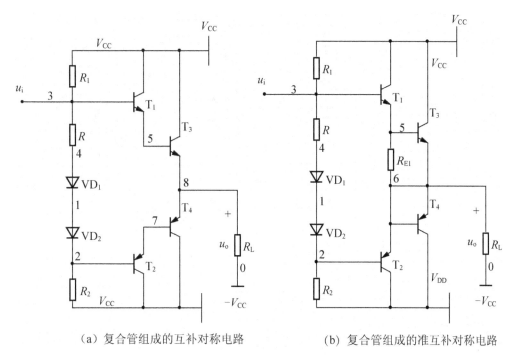

（a）复合管组成的互补对称电路　　（b）复合管组成的准互补对称电路

图 3.17 复合管组成的功率输出级电路

动手做做看

功率放大电路的调试（电路如图 3.18 所示）

（1）使 $u_i = 0$，测量两管集电极静态工作电流，并记录：$I_{C1} =$ _____，$I_{C2} =$ _____。

（2）改变 u_i，使其 $f_i = 1\text{kHz}$，$U_{im} = 10.5\text{V}$，用示波器（DC 输入端）同时观察 u_i、u_o 的波形，并记录波形，判断互补对称电路的输出波形是否失真。

（3）不接 Q_2，用示波器（DC 输入端）同时观察 u_i、u_o 的波形，并记录波形，判断晶体管 Q_1 工作在甲类状态还是乙类状态。

（4）不接 Q_1，接入 Q_2，用示波器（DC 输入端）同时观察 u_i、u_o 波形，并记录波形，判断判断晶体管 Q_2 工作在甲类状态还是乙类状态。

（5）再接入 Q_1，用示波器测量 u_o 幅度 U_{om}，计算输出功率 P_o 并记录。

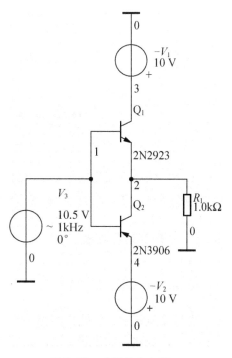

图 3.18 功率放大电路

（6）输入端接入 u_i（$f_i=1\text{kHz}$，$U_{im}=2\text{V}$），用示波器（DC 输入端）同时观察 u_i、u_o 的波形，并记录波形，判断输出波形在过零点处有无失真。

（7）改进型功率放大电路如图 3.19 所示，观察其输出波形有无失真。

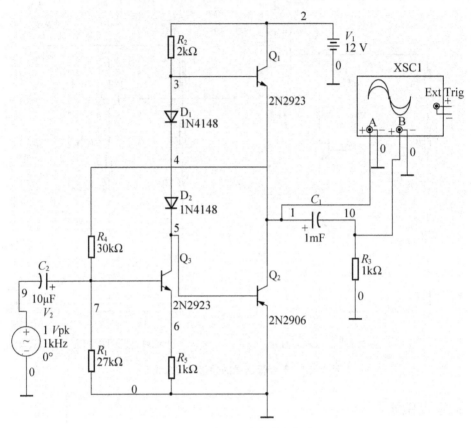

图 3.19　改进型功率放大电路

任务 3.4　集成运放中的负反馈

实际中使用集成运放组成的电路中，总要引入反馈，以改善放大电路性能，因此掌握反馈的基本概念与判断方法是研究集成运放电路的基础。

3.4.1　反馈的基本概念

1. 反馈

在电子电路中，将输出量的一部分或全部通过一定的电路形式反馈给输入回路，与输入信号一起共同作用于放大器的输入端，称为反馈。反馈放大电路框图如图 3.20 所示。

由图 3.20 所示，基本放大器的净输入信号 $X_d=X_i-X_f$，反馈网络的输出 $X_f=F_x \cdot$

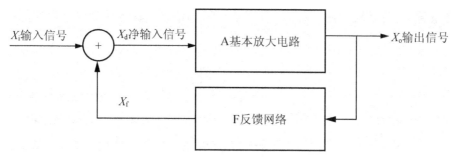

图 3.20 反馈放大电路框图

X_o，基本放大器的输出 $X_o = A_x \cdot X_d$。其中 A_x 是基本放大器的增益，F_x 是反馈网络的反馈系数，这里 X 表示电压或是电流，A_x 和 F_x 中的下标 X 表示它们是如下的一种：$A_v = \dfrac{u_o}{u_i}$ 称为电压增益，$A_i = \dfrac{i_o}{i_i}$ 称为电流增益，$F_v = \dfrac{u_f}{u_o}$ 称为电压反馈系数，$F_i = \dfrac{i_f}{i_o}$ 称为电流反馈系数。

2. 正反馈与负反馈

若放大器的净输入信号比原始输入信号小，则为负反馈，反之若放大器的净输入信号比原始输入信号大，则为正反馈。就是说若 $X_i < X_d$，则为正反馈，若 $X_i > X_d$，则为负反馈。

3. 直流反馈与交流反馈

若反馈量只包含直流信号，则称为直流反馈，若反馈量只包含交流信号，就是交流反馈，直流反馈一般用于稳定工作点，而交流反馈用于改善放大器的性。

4. 开环与闭环

从反馈放大电路框图可以看出，放大电路加上反馈后就形成了一个环，若有反馈，则说反馈环闭合了，若无反馈，则说反馈环被打开了。所以常用闭环表示有反馈，开环表示无反馈。

3.4.2 反馈的判断

1. 有无反馈的判断

若放大电路中存在将输出回路与输入回路连接的通路，即反馈通路，并由此影响了放大器的净输入，则表明电路引入了反馈，图 3.21 中图(a)所示的电路由于输入与输出回路之间没有通路，所以没有反馈；图 3.21(b)所示的电路中，电阻 R_2 将输出信号反馈到输入端与输入信号一起共同作用于放大器输入端，所以具有反馈；而图 3.21(c)所示的电路

中虽然有电阻 R_1 连接输入输出回路，但是由于输出信号对输入信号没有影响，所以没有反馈。

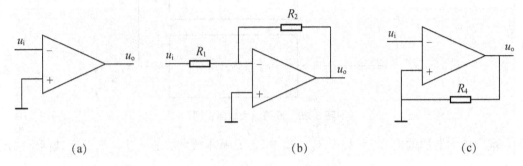

图 3.21　反馈是否存在的判断

2. 反馈极性的判断

反馈极性的判断，就是判断是正反馈还是负反馈。

瞬时极性法：首先规定输入信号在某一时刻的极性，然后逐级判断电路中各个相关点的电流流向与电位的极性，从而得到输出信号的极性；根据输出信号的极性判断出反馈信号的极性；若反馈信号使净输入信号增加，就是正反馈，若反馈信号使净输入信号减小，就是负反馈。

在图 3.22(a)所示的电路中首先设输入电压瞬时极性为正，所以集成运放的输出为正，产生电流流过 R_2 和 R_1，在 R_1 上产生上正下负的反馈电压，反馈电压与 u_i 同极性，净输入减小，说明该电路引入负反馈。

在图 3.22(b)所示的电路中首先设输入电压 u_i 瞬时极性为正，所以集成运放的输出为负，产生电流流过 R_2 和 R_1，在 R_1 上产生上负下正的反馈电压，反馈电压与 u_i 极性相反，净输入减小，说明该电路引入正反馈。

判断技巧：输入信号和反馈信号在不同端子引入，两者极性相同为负反馈，极性相反为正反馈。当输入信号和反馈信号在同一节点引入时，两者极性相同为正反馈，极性相反为负反馈。

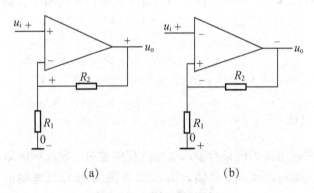

图 3.22　反馈极性的判断

3. 反馈组态的判断

（1）电压与电流反馈的判断。

电压反馈：反馈量取自输出端的电压，并与之成比例。

电流反馈：反馈量取自电流，并与之成比例。

判断方法：是将放大器输出端的负载短路，若反馈不存在就是电压反馈，否则就是电流反馈。

（2）串联反馈与并联反馈的判断。

串联反馈：在输入端以电压的形式相加减。判断依据：反馈信号和输入信号在不同一节点引入。

并联反馈：在输入端以电流的形式相加减。判断依据：反馈信号和输入信号在同一节点引入。

3.4.3　4 种反馈组态

1. 电压串联

电压串联负反馈电路如图 3.23 所示。

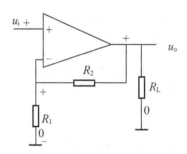

图 3.23　电压串联负反馈电路

反馈组态判断：

（1）将负载 R_L 短路，就相当于输出端接地，这 $u_o=0$ 时，反馈不存在，所以是电压反馈。

（2）反馈信号和输入信号在不同一节点引入，所以是电压串联反馈。

（3）使用瞬时极性法判断正负反馈，各瞬时极性如图所示，可见 u_i 与 u_f 极性相同，净输入信号小于输入信号，故是负反馈。

2. 电流串联

电流串联负反馈电路如图 3.24 所示。

反馈组态判断如下。

（1）将负载 R_L 短路，这时仍有电流流过 R_1 电阻，产生反馈电压，所以是电流反馈。

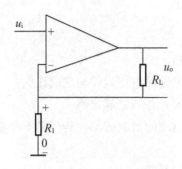

图 3.24　电流串联负反馈电路

（2）反馈信号和输入信号在不同一节点引入，所以是电流串联反馈。

（3）使用瞬时极性法判断正负反馈，各瞬时极性如图 3.24 所示，可见 u_i 与 u_f 极性相同，净输入信号小于输入信号，故是负反馈。

3. 电压并联负反馈

电压并联负反馈电路如图 3.25 所示。

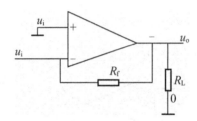

图 3.25　电压并联负反馈电路

反馈组态判断如下。

（1）将负载 R_L 短路，就相当于输出端接地，这 $u_o=0$ 时，反馈不存在，所以是电压反馈。

（2）反馈信号和输入信号在同一节点引入，所以是电压并联反馈。

（3）使用瞬时极性法判断正负反馈，各瞬时极性和瞬时电流方向如图 3.25 所示，可见 i_f 瞬时流向是对 i_i 分流，使 i_d 减小，净输入信号 i_d 小于输入信号 i_i，故是负反馈。

4. 电流并联负反馈

电流并联负反馈电路如图 3.26 所示。

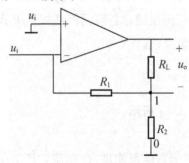

图 3.26　电流并联负反馈电路

反馈组态判断如下。

（1）将负载 R_L 短路，仍有电流流过 R_1 电阻，产生反馈电流 i_f，所以是电流反馈。

（2）反馈信号和输入信号在同一节点引入，所以是电流并联反馈。

（3）使用瞬时极性法判断正负反馈，各瞬时极性和瞬时电流方向如图 3.26 所示，可见 i_f 瞬时流向是对 i_i 分流，使 i_d 减小，净输入信号 i_d 小于输入信号 i_i，故是负反馈。

3.4.4 负反馈放大电路的一般表达式

由反馈放大器框图可得到反馈放大器的增益：

$$A_{xf}=\frac{X_o}{X_i}=\frac{X_o}{X_d+X_f}=\frac{A_xX_d}{X_d+X_dA_xF_x}=\frac{A_x}{1+A_xF_x}$$

当 $1+A_xF_x>1$ 时，$A_{xf}<A_x$，则为负反馈。

当 $1+A_xF_x<1$ 时，$A_{xf}>A_x$，则为正反馈。

当 $1+A_xF_x=0$ 时，$A_{xf}=\infty$，则没有输入也有输出，这时放大器就变成了振荡器。

当 $1+A_xF_x\gg1$ 时，$1+A_xF_x\approx A_xF_x$，增益表达式为 $A_{xf}\approx\dfrac{1}{F_x}$，则为深度负反馈。

根据 A_{xf} 和 F_x 定义：$A_{xf}=\dfrac{X_o}{X_i}$ $F_x=\dfrac{X_f}{X_o}$ $A_{xf}\approx\dfrac{1}{F_x}=\dfrac{X_o}{X_f}$

负反馈对放大电路的性能影响很大，除可以改变放大器的输入、输出电阻外，还可以稳定放大倍数、展宽频带、减小非线性失真。特别是当反馈深度很大时，改善的效果更加明显，但是反馈深度很大时，容易引起放大电路的不稳定，产生自激振荡。

 动手做做看

负反馈放大电路的调试（电路如图 3.27 所示）

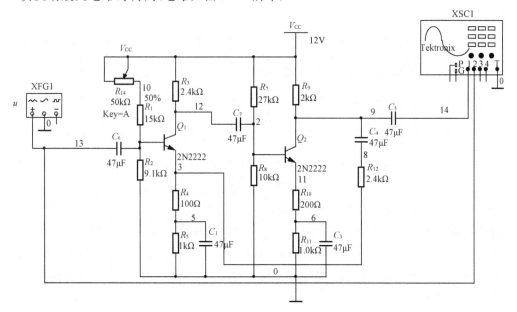

图 3.27 负反馈放大电路

（1）测试静态工作点：令 $V_{CC}=+12V$，调节 R_W 使第一级放大器工作点 $V_{E1}=1.6V$，用万用表测量各引脚电压并记录与表 3-6 中。

表 3-6　各引脚电压

V_{E1}	V_{B1}	V_{C1}	V_{E2}	V_{B2}	V_{C2}

（2）测量放大倍数与反馈深度。分别测出闭环输入、输出电压和开环输入输出电压，根据测量值计算出闭环、开环放大倍数及反馈深度，将结果填入表 3-7。

表 3-7　测量电压及放大倍数、反馈深度计算

u_i	u_o	A_u	u_{if}	u_{of}	A_{uf}	反馈深度 $F=A_u/A_{uf}$

任务 3.5　集成运放基本特性及基本应用电路分析与调试

集成运算放大器(IC Operational Amplifer，ICOP-Amp)简称为集成运放，它是 20 世纪 60 年代发展起来的一种高增益直接耦合放大器。集成运放是目前模拟集成电路中发展最快、品种最多、应用最广泛一种模拟集成电子器件。

3.5.1　结构

集成运算放大器由输入级、中间级、输出级和各级偏置电路 4 个环节组成，如图 3.28 所示。

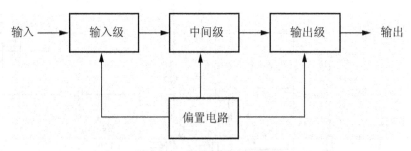

图 3.28　集成运放结构框图

输入级：常用双端输入的差动放大电路，一般要求输入电阻高，差模放大倍数大，抑制共模信号的能力强，静态电流小，输入级的好坏直接影响运放的输入电阻、共模抑制比等参数。

中间级：是一个高放大倍数的放大器，常用多级共发射极放大电路，该级的放大倍数可达数千乃至数万倍。

输出级：具有输出电压线性范围宽、输出电阻小的特点，常用互补对称输出电路。

偏置电路：向各级提供静态工作点，一般采用电流源电路。

3.5.2　符号

从运放的结构可知，运放具有两个输入端 U_P 和 U_N 和一个输出端 U_o，这两个输入端一个称为同相端，另一个称为反相端，这里同相和反相只是输入电压和输出电压之间的关系，若输入正电压从同相端输入，则输出端输出正的输出电压，若输入正电压从反相端输入，则输出端输出负的输出电压。运算放大器的常用符号如图 3.29 所示。

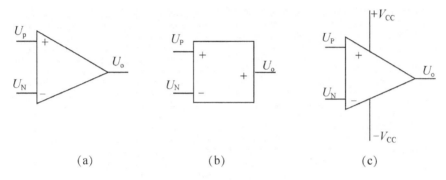

(a)　　　　　　(b)　　　　　　(c)

图 3.29　运算放大器常用符号

其中图 3.29(a)是集成运放的国际流行符号，图 3.29(b)是集成运放的国标符号，而图 3.29(c)是具有电源引脚的集成运放国际流行符号。

3.5.3　种类

1. 按制作工艺分类

按照制造工艺，集成运放分为双极型、COMS 型和 BiFET 型 3 种，其中双极型运放功能强、种类多，但是功耗大；CMOS 运放输入阻抗高、功耗小，可以在低电源电压下工作；BiFET 是双极型和 CMOS 型的混合产品，具有双极型和 CMOS 运放的优点。

2. 按照工作原理分类

(1) 电压放大型：输入是电压，输出回路等效成由输入电压控制的电压源，如 F007、LM324 和 MC14573。

(2) 电流放大型：输入是电流，输出回路等效成由输入电流控制的电流源，如 LM3900。

(3) 跨导型：输入是电压，输出回路等效成输入电压控制的电流源，如 LM3080。

(4) 互阻型：输入是电流，输出回路等效成输入电流控制的电压源，如 AD8009。

3. 按照性能指标分类

按照性能指标，集成运放分为高输入阻抗型、低漂移型、高速型、低功耗型及高压型。

3.5.4　运放电压的传输特性

集成运放输出电压 U_o 与输入电压 (U_P-U_N) 之间的关系曲线称为电压传输特性。对于采用正负电源供电的集成运放，电压传输特性如图 3.30 所示。

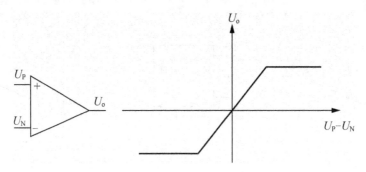

图 3.30　集成运放的电压传输特性

3.5.5　集成运放理想模型

1. 理想运放的技术指标

由于集成运放具有开环差模电压增益高，输入阻抗高，输出阻抗低及共模抑制比高等特点，实际中为了分析方便，常将它的各项指标理想化。理想运放的各项技术指标如下。

（1）开环差模电压放大倍数 $A_d \rightarrow \infty$。

（2）输入电阻 $R_{id} \rightarrow \infty$。

（3）输出电阻 $R_o \rightarrow 0$。

（4）共模抑制比 $K_{CMR} \rightarrow \infty$。

由于实际运放的技术指标与理想运放比较接近，因此，在分析电路的工作原理时，用理想运放代替实际运放所带来误差并不严重，在一般的工程计算中是允许的。

2. 理想运放的工作特性

理想运放的电压传输特性如图 3.31 所示。工作于线性区和非线性区的理想运放具有不同的特性。

1）线性区

虚短：$U_P = U_N$，当理想运放工作于线性区时，$u_o = A_d(U_P-U_N)$，而 $A_d \rightarrow \infty$，因此 $U_P - U_N = 0$，$U_P = U_N$ 就是 U_P、U_N 两个电位点短路，但是由于没有电流，所以称为虚短

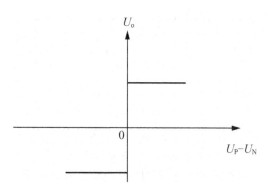

图 3.31　理想运放的电压传输特性

路，简称虚短。

虚断：$I_P=I_N=0$，由输入电阻 $r_{id}\to\infty$ 可知，流进运放同相输入端和反相输入端的电流 I_P、I_N 为 $I_P=I_N=0$；而 $I_P=I_N=0$ 表示流过电流 I_P、I_N 的电路断开了，但是实际上没有断开，所以称为虚断路，简称虚断。

2）非线性区

工作于非线性区的理想运放仍然有输入电阻 $R_{id}\to\infty$，因此 $I_P=I_N=0$；但由于 $u_o\neq A_d(U_P-U_N)$，不存在 $U_P=U_N$，由电压传输特性可知其特点为：当 $U_P>U_N$ 时，$U_o=U_{o+}$；当 $U_P<U_N$ 时，$U_o=U_{o-}$；$U_P=U_N$ 为 U_{o+} 与 U_{o-} 的转折点。

3.5.6　基本运算电路

图 3.32(a)～图 3.32(d)分别是反相比例、同相比例、减法、加法四种运算电路。

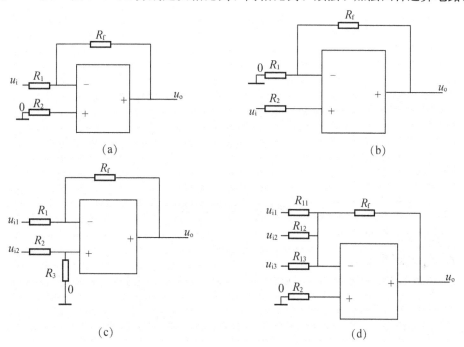

(a)

(b)

(c)

(d)

图 3.32　基本运算电路

电子电路分析与调试

图 3.32 各电路输入输出之间的关系式分别为如下。

$$u_o=-\frac{R_f}{R_1}u_i; \quad u_o=\left(1+\frac{R_f}{R_1}\right)u_i; \quad u_o=\frac{R_f}{R_1}(u_{i2}-u_{i1}); \quad u_o=-\left(\frac{R_f}{R_1}u_{i1}+\frac{R_f}{R_2}u_{i2}+\frac{R_f}{R_3}u_{i3}\right).$$

3.5.7 电压比较器

功能：将一个模拟电压信号与一参考电压相比较，输出一定的高低电平。

构成：运放组成的电路处于非线性状态，输出与输入的关系 $u_o=f(u_i)$ 是非线性函数。

判定运放工作在非线性状态的依据是电路开环或引入正反馈。

运放工作在非线性状态的分析方法：

若 $U_+>U_-$ 则 $U_o=+U_{om}$；若 $U_+<U_-$ 则 $U_o=-U_{om}$，虚断(运放输入端电流为 0，注意：此时不能用虚短)。

1. 单门限电压比较器

(1) 过零比较器(门限电平＝0)，如图 3.33 所示。

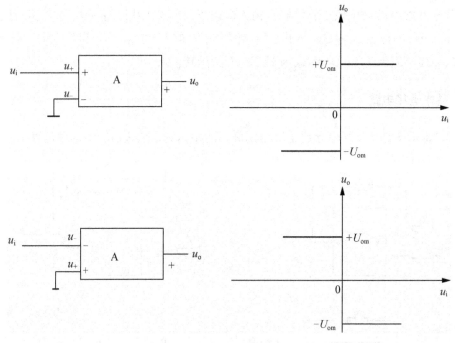

图 3.33　过零比较器

(2) 单门限比较器。

运放处于开环状态。

若 u_i 从同相端输入(图 3.34)，则当 $u_i>U_{REF}$ 时，$u_o=+U_{om}$；当 $u_i<U_{REF}$ 时，$u_o=-U_{om}$，U_{REF} 为参考电压。

若 u_i 从反相端输入(图 3.35)，则当 $u_i<U_{REF}$ 时，$u_o=+U_{om}$；当 $u_i>U_{REF}$ 时，$u_o=-U_{om}$。

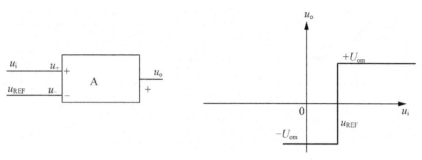

图 3.34 单门限比较器(同相端输入)

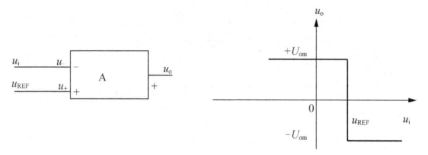

图 3.35 单门限比较器(反相端输入)

2. 迟滞比较器(图 3.36)

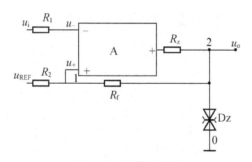

图 3.36 迟滞比较器

特点：电路中使用正反馈——运放工作在非线性区。

（1）工作原理。

两个门限电压如下。

当 $u_o = +U_Z$ 时，$u_+ = U_{T+} = \dfrac{R_2}{R_f+R_2}U_Z + \dfrac{R_f}{R_f+R_2}U_{REF}$

当 $u_o = -U_Z$ 时，$u_+ = U_{T-} = -\dfrac{R_2}{R_2+R_f}U_Z + \dfrac{R_f}{R_2+R_f}U_{REF}$

U_{T+} 称上门限电压，U_{T-} 称下门限电压，$(U_{T+} - U_{T-})$ 称为回差电压。

（2）迟滞比较器的电压传输特性(图 3.37)。

设初始值：$u_o = +U_Z$，$u_+ = U_{T+}$，设 $u_i \uparrow$，当 $u_i \geqslant U_{T+}$ 时，u_o 从 $+U_Z \rightarrow -U_Z$，这时，$u_o = -U_Z$，$u_+ = U_{T-}$，设 $u_i \downarrow$，当 $u_i \leqslant U_{T-}$ 时，u_o 从 $-U_Z \rightarrow +U_Z$。

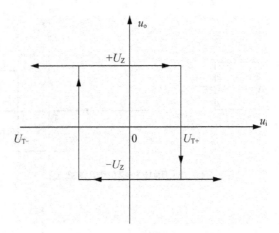

图 3.37　迟滞比较器的电压传输特性

（3）窗口比较器。

如图 3.38 所示，电路有两个参考电压 U_{RH} 和 U_{RL}，令 $U_{RH} > U_{RL}$。

当 $u_s > U_{RH}$ 时，$U_O = U_{OH}$；当 $u_s < U_{RL}$ 时，$U_O = U_{OH}$；当 $U_{RL} < u_s < U_{RH}$ 时，$U_o = 0$。

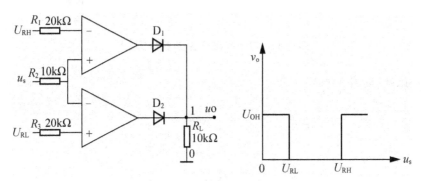

图 3.38　窗口比较器(a)

如图 3.39 所示，当 $u_s < U_{R2}$ 时，$U_{O1} = U_{O2} = U_{OL}$，D_2 导通，D_1 截止，$u_o = U_{OL}$；当 $u_s > U_{R1}$ 时，$U_{o1} = U_{o2} = U_{OH}$，D_2 截止，D_1 导通，$u_o = U_{OH}$，$U_{R1} > u_s > U_{R2}$，D_2 截止，D_1 截止，$u_o = 0$。

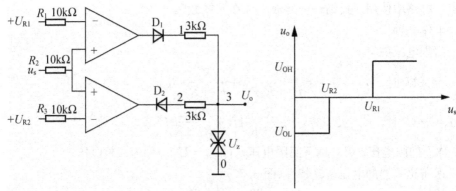

图 3.39　窗口比较器(b)

动手做做看

1. 仿真测试加法电路的功能

仿真测试图 3.40 所示的加法电路，电路中 $R_1=R_2=R_f=10\text{k}\Omega$，运放为 MC4558。

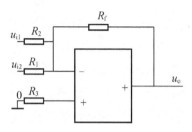

图 3.40　加法电路

(1) 在接好图示加法电路，并接入 $+V_{CC}=+15\text{V}$，$-V_{CC}=-15\text{V}$，接入 u_{i1} 为 0.1V，1kHz 的正弦波信号，不接 u_{i2}。用示波器 DC 输入端观察输出、输入电压波形。

(2) 将 R_f 改为 2kΩ，用示波器 DC 输入端观察输出、输入电压波形：输出电压幅值基本等于输入电压幅值的_____(倍)。

(3) 将 R_f 改为 10kΩ，接入 u_{i1} 和 u_{i2} 均为 0.1V，1kHz 的正弦波信号，用示波器 DC 输入端观察输出电压和输入电压波形，判断该电路能否实现输入电压相加 $[u_o=-(u_{i1}+u_{i2})]$。

2. 仿真测试减法电路的功能

仿真测试图 3.32 所示的减法电路的功能。

3. 集成运放应用之电压比较器的调试

(1) 搭建过零比较器电路如图 3.41 所示，信号发生器产生 1kHz，幅值为 2V 的正弦波信号，用示波器观察输入输出波形，画入表 3-8 中，并简要分析工作原理。

表 3-8　过零比较器电路分析

测试电路	输入波形	输出波形	电路工作原理
单向半波			

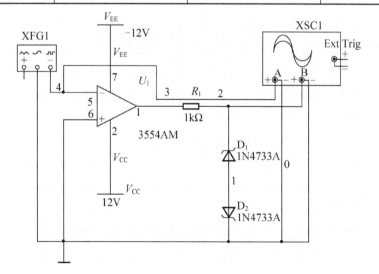

图 3.41　过零比较器

（2）搭建滞回比较器电路如图3.42所示，信号发生器产生1kHz，幅值为2V的正弦波信号，用示波器观察输入输出波形，画入表3-9中，并简要分析工作原理。

表3-9 滞回比较器电路分析

测试电路	输入波形	输出波形	电路工作原理
单向半波			

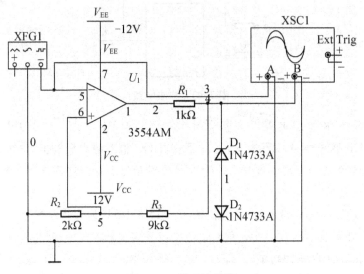

图3.42 滞回比较器

综合任务 火灾报警器的分析制作与调试

任务3.1至任务3.5完成了学习情境3单元电路的学习与技能训练，如下要求同学们根据以表3-10～表3-12提供的资讯单、决策计划单、实施单完成火灾报警器的分析制作与调试。

表3-10 火灾报警器的分析制作与调试资讯单

资讯单			
班级姓名学号		得分	
差动放大电路结构、工作原理、参数计算、电路调试			
多级放大电路结构、工作原理、参数计算、电路调试			

资讯单			
班级姓名学号		得分	
功率放大电路结构、工作原理、参数计算、电路调试			
反馈电路的结构、工作原理、参数计算、电路调试			
集成运放基本特性及其应用电路的分析与应用			

表 3－11　火灾报警器的分析制作与调试决策计划单

决策计划单			
班级学号姓名		得分	
电路设计思路	基本设计思路如图 3.43 所示。 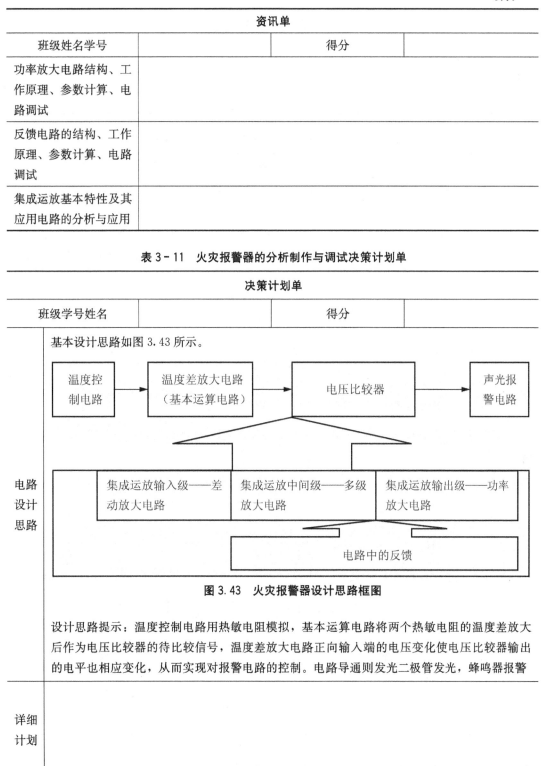 图 3.43　火灾报警器设计思路框图 设计思路提示：温度控制电路用热敏电阻模拟，基本运算电路将两个热敏电阻的温度差放大后作为电压比较器的待比较信号，温度差放大电路正向输入端的电压变化使电压比较器输出的电平也相应变化，从而实现对报警电路的控制。电路导通则发光二极管发光，蜂鸣器报警		
详细计划			

续表

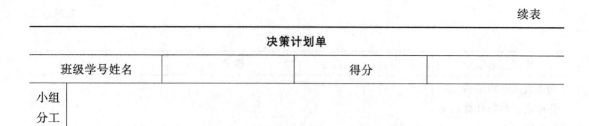

决策计划单			
班级学号姓名		得分	
小组分工			

表 3-12　火灾报警器的分析制作与调试实施单

实施单			
班级姓名学号		得分	

电路设计	设计提示： (1) 火灾报警原理图如图 3.44 所示。用两个电压值不等的干电池模拟热敏电阻，假设 V_{CC1} 对应的热敏电阻阻值为 50Ω，V_{CC2} 对应的热敏电阻阻值为 80Ω，$R_1 = R_2 = 50\Omega$，则减法电路正向输入端电压 $u_{i1} = \dfrac{V_{CC1}R_{热1}}{R_{11}+R_{热1}} = \dfrac{3\times 20}{20+20} = 1.5(V)$，反向输入端电压 $u_{i2} = \dfrac{V_{CC1}R_{热2}}{R_{12}+R_{热2}} = \dfrac{3\times 50}{30+50} = 1.875(V)$， 减法电路输出电压 $\|u_{o1}\| = \left\| \dfrac{R_f}{R_1}(u_{i1}-u_{i2}) \right\| = \left\| \dfrac{400}{50}(1.5-1.875) \right\| = 3(V)$ (2) 第二级运放的门限电压 $u_- = 12\times\left(\dfrac{R_8}{R_8+R_5}\right) = 12\times\left(\dfrac{100}{100+500}\right) = 2(V)$，$\|u_{o1}\| > u_-$ 时， $u_o = u_{OH} = u_Z = 6V$ (3) 稳压二极管选用 $\pm 6V$，因此 $u_{OH} = u_Z = 6V$ (4) 发光二极管 $u_D = 2.5V$，$I_D = \dfrac{u_{OH}-u_D}{R_{10}} = \dfrac{6-2.5}{R_{10}} \leqslant 20(mA)$，$R_{10} \geqslant 175\Omega$，取 $R_{10} = 200\Omega$ (5) 晶体管的基极电流 $I_B = \dfrac{u_{OH}-u_{BE}}{R_9} = \dfrac{6-0.7}{R_9} \approx 2(mA)$，$R_9 \approx 2.65k\Omega$ 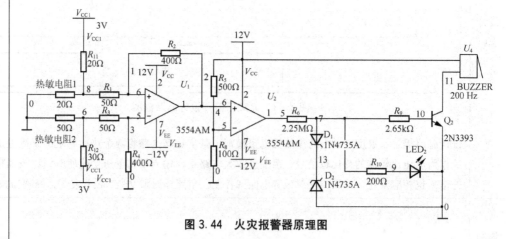 图 3.44　火灾报警器原理图
仿真调试	(1) 在仿真环境中搭建电路，如图 3.45，图 3.46 所示。 (2) 通过调节电路参数观察电路中指示灯的亮灭情况，分析原因

实施单				
班级姓名学号			得分	

仿真调试	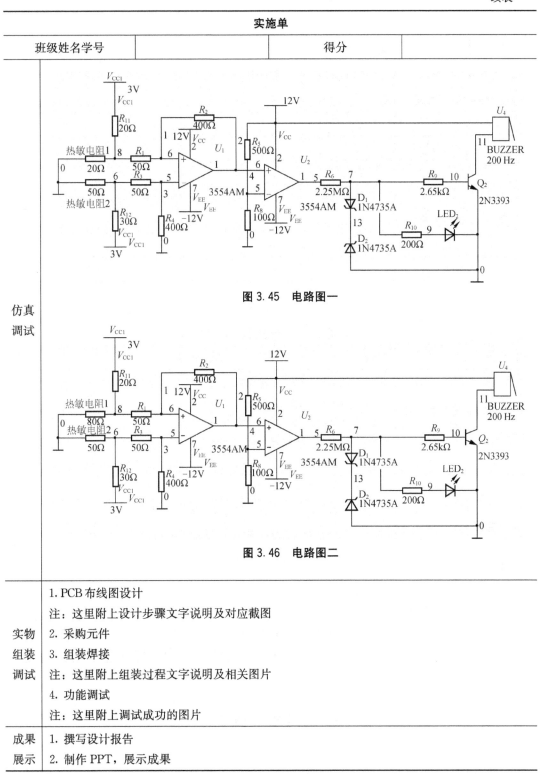 图 3.45　电路图一 图 3.46　电路图二
实物组装调试	1. PCB 布线图设计 注：这里附上设计步骤文字说明及对应截图 2. 采购元件 3. 组装焊接 注：这里附上组装过程文字说明及相关图片 4. 功能调试 注：这里附上调试成功的图片
成果展示	1. 撰写设计报告 2. 制作 PPT，展示成果

本学习情境的评分表和评分标准分别见表 3-13 和表 3-14。

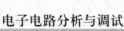

电子电路分析与调试

表 3-13　学习情境 3 评分表

评分表

班级学号姓名：		得分合计：		等级评定：	
评价分类列表		比值	小组评分 20%	组间评分 30%	教师评分 50%
单元电路分析与调试		30			
综合实训	资讯	15			
	决策计划	5			
	实施	25			
	检查	5			
	评价	5			
	设计报告	10			
学习态度		5			

表 3-14　评分标准

学习情境 3：火灾报警器的制作与调试				
评价分类列表		比值	评分标准	得分
火灾报警器单元电路分析与调试		30	能分析并调试差动放大电路 能分析并调试多级放大电路 能分析并调试功率放大电路 能分析并调试反馈放大电路 熟练掌握集成运放基本特性、学会集成运放的基本应用设计	
火灾报警器电路分析设计与调试	资讯	10	能尽可能全面地收集与学习情境相关的信息	
	决策计划	10	决策方案切实可行、实施计划周详实用	
	实施	25	掌握电路的分析、设计、组装调试等技能	
	检查	5	能正确分析故障原因并排除故障	
	评价	5	能对成果做出合理的评价	
	设计报告	10	能撰写规范详细的设计报告	
学习态度		5	学习态度好，组织协调能力强，能组织本组进行积极讨论并及时分享自己的成果，能主动帮助其他同学完成任务	

课后思考与练习

1. 集成运放组成如图 3.47 所示电路，已知 $R_1 = 20\text{k}\Omega$，$R_f = 200\text{k}\Omega$，$u_i = 0.6\text{V}$，求输出电压 u_o 和平衡电阻 R_2 的大小及电压放大倍数 A_{uf}。

2. 已知某加法电路如图 3.48 所示，$R_1 = R_2 = R_3 = 20\text{k}\Omega$，$R_\text{f} = 40\text{k}\Omega$，$u_{\text{i}1} = 0.6\text{V}$，$u_{\text{i}2} = -0.5\text{V}$，$u_{\text{i}3} = 1.2\text{V}$，求输出电压 u_o 和电压放大倍数 A_{uf}。

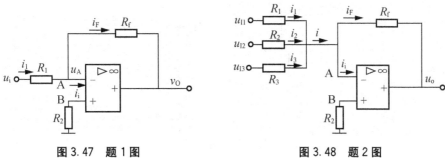

图 3.47 题 1 图　　　　　　　　　图 3.48 题 2 图

3. 画出能实现 $u_\text{o} = -20u_\text{i}$ 关系的运放电路，R_f 选用 $100\text{k}\Omega$，要求计算出 R_1 和 R_2 的具体数值，并画出电路图。

4. 说明图 3.49 所示运放电路的类型，并求出输出电压 u_o。

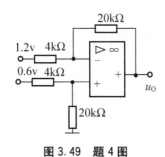

图 3.49 题 4 图

5. 图 3.50 中：A_1、A_2、A_3 均为理想运效，U_1，U_2，U_3 为已知电压，试求：$U_{\text{o}1}$，$U_{\text{o}2}$，U_o。

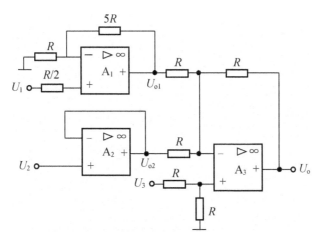

图 3.50 题 5 图

6. 求图 3.51 中运放电路的输出电压 $U_{\text{o}1}$、$U_{\text{o}2}$ 和 U_o。

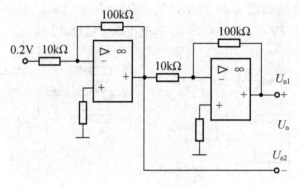

图 3.51　题 6 图

学习情境4

无线话筒的制作与调试

学习目标

能力目标：能测试振荡电路、变容二极管调频电路；能安装并调试高频放大电路；能完成调频无线话筒的制作与调试。

知识目标：了解振荡器的功能、电路结构、振荡条件；熟悉 LC 振荡器的电路组成、工作原理，学会判断电路是否起振；了解 RC 桥式振荡器、石英晶体振荡器的电路组成、元件作用，掌握振荡频率的计算方法；了解无线电信号传输与接收基本原理，熟悉无线电信号调制和解调工作原理；熟悉高频放大电路的分类和特点；了解小信号调谐放大电路的组成及工作原理；了解谐振功率放大电路的调制特性、放大特性和负载特性。

学习情境背景

无线话筒是传输声音信号的音响器材，在 KTV、开会、记者采访等各种场合中经常看见它被使用，它由发射机和接收机两大部分组成。发射机由电池供电，咪头将声音转换为音频信号，经过内部电路处理后将包含音频信息的无线电波发射到周围的空间；接收机一般由市电供电，由接收天线收到发射机发出的无线电波经过内部电路处理提取音频信号，通过输出信号线送到扩声系统从而完成音频信号的无线传输。图 4.1 所示为日常生活中实际使用的各类无线话筒。为了方便大家学习振荡电路、高频放大电路等高频电路部分的相关知识，模仿图 4.1 所示无线话筒的功能设计了仿真无线话筒，电路原理如图 4.2 所示。

图 4.1　无线话筒

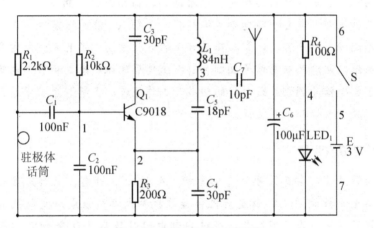

图 4.2　无线话筒电路原理图

学习情境组织

　　本学习情境中无线话筒主要由高频振荡电路、调频电路等模块构成，因此将本学习情境分为 2 个单元电路的分析与调试和一个综合实训，具体内容组织见表 4-1。

表 4-1　学习情境 4 内容组织

学习情境 4：无线话筒的制作与调试			
	比值	子任务	得分
无线话筒单元电路的分析与调试	30	任务 4.1　振荡电路的分析与调试	
		任务 4.2　调频电路的分析与调试	

续表

学习情境 4：无线话筒的制作与调试

		比值	子任务	得分
无线话筒整体电路的分析设计与调试	资讯	25	能尽可能全面地收集与学习情境相关的信息	
	决策计划	5	决策方案切实可行、实施计划周详实用	
	实施	25	掌握电路的分析、设计、组装调试等技能	
	检查	5	能正确分析故障原因并排除故障	
	评价	5	能对成果做出合理的评价	
学习态度		5	学习态度好，组织协调能力强，能组织本组进行积极讨论并及时分享自己的成果，能主动帮助其他同学完成任务	

课 前 预 习

1. 正弦波振荡器由哪些部分组成？各有什么作用？
2. 石英晶体谐振器的特点是什么？画出该谐振器的等效电路和电抗特性图。
3. 什么叫电信号？要将电信号传送出去，一般有哪几种方法？
4. 什么是 AFC 电路？画出 AFC 电路原理方框图，简述 AFC 电路的工作过程。
5. 什么叫调制？它的作用是什么？调幅与调频有何不同？
6. 画出单调谐小信号放大器的原理电路，并简述其工作原理。
7. 双调谐放大器一般有哪几种形式？
8. 谐振高频功率放大电路有哪些特点？一般工作在哪种状态？

任务 4.1　振荡电路的分析与调试

4.1.1　振荡电路基本概念

1. 定义

振荡电路是指在无输入信号情况下，将电源的直流能量转换成具有一定频率、一定波形和一定振幅的交流信号能量的电子电路。

2. 分类

（1）按波形分：正弦波振荡器和非正弦波振荡器（矩形波、锯齿波、尖脉冲、梯形波、阶梯波振荡器）。

（2）按工作方式分：负阻型振荡器和反馈型振荡器。

（3）按选频网络所采用的原件分：LC 振荡器、RC 振荡器和晶体振荡器等类型。

（4）按电路元件分为以下几种。

① 分立元件振荡器：由电阻、电感、电容、晶体管、变压器等分立元件构成。

② 集成振荡器：由集成放大器和数字门电路构成。

③ 晶体振荡器：物理器件(石英晶体)。

（5）按振荡器输出频率分：超低频振荡器(1Hz 以下)，低频振荡器(1Hz～3kHz)，高频振荡器(3kHz～3MHz)，超高频振荡器(3MHz 以上)。

4.1.2 正弦波振荡器

1. 自激振荡概念

如果在放大器的输入端不加输入信号，输出端仍有一定的幅值和频率的输出信号，这种现象叫做自激振荡，只有正反馈电路才能产生自激振荡。自激振荡框图如图 4.3 所示。

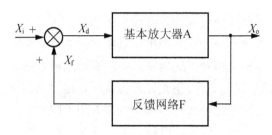

图 4.3 自激振荡框图

自激振荡的条件：$\dot{A}\dot{F}=1$。因为 $\dot{A}=|A|\angle\varphi_A$，$\dot{F}=|F|\angle\varphi_F$，所以，自激振荡条件也可以写成：振幅条件：$|AF|=1$，相位条件：$\varphi_A+\varphi_F=2n\pi$，$n$ 是整数。

2. 正弦波振荡器定义

正弦波振荡电路就是没有外加输入信号、依靠电路自激振荡而产生正弦波输出电压的电路。

3. 振荡器工作条件

自激振荡的条件如图 4.4 所示。

（1）起振条件：保证振荡器从无到有建立起振荡。振幅起振条件：$AF>1$ $\left(A=\dfrac{X_0}{X_d},\ F=\dfrac{X_f}{X_0}\right)$；相位起振条件：$\varphi_A+\varphi_F=2n\pi$，$n$ 是整数。

（2）平衡条件：保证振荡器进入平衡状态，产生持续的等幅振荡。振幅平衡条件：$AF=1$，相位平衡条件：$\varphi_A+\varphi_F=2n\pi$，$n$ 是整数。

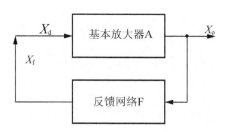

图 4.4 自激振荡条件

4. 振荡器组成部分

(1) 控制能量转换的有源器件：如晶体管、场效应管、集成放大器等，常以基本放大电路代替，其作用是保证电路从起振到有一定幅值的输出电压。

(2) 选频网络：由 RC、LC、石英晶体等电路组成，它决定了振荡频率 f_0，振荡电路只有一个频率满足振荡条件，从而获得单一频率的正弦波输出。

① RC 串并联选频网络如图 4.5 所示。

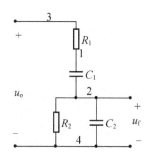

图 4.5 RC 串并联选频网络

R_1C_1 串联阻抗：

$$Z_1 = R_1 + \frac{1}{\mathrm{j}\omega C_1}$$

R_2C_2 并联阻抗：

$$Z_2 = R_2 /\!/ (1/\mathrm{j}\omega C_2) = \frac{R_2}{1+\mathrm{j}\omega R_2 C_2}$$

选频特性：

$$\dot{F} = \frac{U_\mathrm{f}}{U_\mathrm{o}} = \frac{Z_2}{Z_1 + Z_2} = \frac{\dfrac{R_2}{1+\mathrm{j}\omega R_2 C_2}}{R_1 + \dfrac{1}{\mathrm{j}\omega C_1} + \dfrac{R_2}{1+\mathrm{j}\omega R_2 C_2}}$$

$$= \frac{1}{\left(1 + \dfrac{C_2}{C_1} + \dfrac{R_1}{R_2}\right) + \mathrm{j}\left(\omega R_1 C_2 - \dfrac{1}{\omega R_2 C_1}\right)}$$

通常，取 $R_1 = R_2 = R$，$C_1 = C_2 = C$，则有：

$$\dot{F} = \frac{1}{3 + \mathrm{j}\left(\dfrac{\omega}{\omega_0} - \dfrac{\omega_0}{\omega}\right)} \quad \left(\omega_0 = \frac{1}{RC}\right)$$

由此,当 $\omega = \omega_0 = \dfrac{1}{RC}\left(f_0 = \dfrac{1}{2\pi RC}\right)$ 时,$|F|$ 最大,$|F|_{max} = 1/3$,且 $\varphi_F = 0°$。

例 4-1 RC 桥式振荡器,如图 4.6 所示。$R = 1\text{k}\Omega$,$C = 0.1\mu\text{F}$,$R_1 = 10\text{k}\Omega$。R_f 为多少时才能起振?振荡频率 $f_0 = ?$

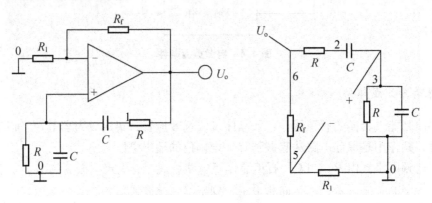

图 4.6 RC 桥式振荡器

振幅条件:$AF = 1$,$F = \dfrac{1}{3}$,因此,$A = 1 + \dfrac{R_f}{R_1} = 3$,$R_f = 2R_1 = 2 \times 10 = 20\text{k}\Omega$,$f_0 = \dfrac{1}{2\pi RC} = 1592\text{Hz}$

② LC 选频网络。LC 并联谐振选频网络如图 4.7 所示。

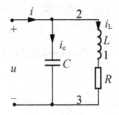

图 4.7 LC 并联谐振选频网络

$\omega = \omega_0 \approx \dfrac{1}{\sqrt{LC}}$ 时,产生并联谐振,谐振时,电路呈阻性:

$Z_0 = \dfrac{L}{RC} = Q\omega_0 L = \dfrac{Q}{\omega_0 C} = Q\sqrt{\dfrac{L}{C}}$($Q$ 为谐振回路的品质因数,Q 值越大,曲线越陡越窄,选频特性越好。)

注:在 LC 振荡器中,反馈信号通过互感线圈引出,互感线圈的极性判别如图 4.8 所示。

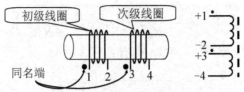

图 4.8 互感线圈的极性判别

例 4-2　变压器反馈式 LC 振荡电路，如图 4.9 所示。

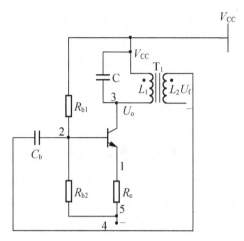

图 4.9　变压器反馈式 LC 振荡电路

晶体管共射放大器：$\varphi_A = 180°$，利用互感线圈的同名端：$\varphi_F = 180°$，$\varphi_A + \varphi_F = 360°$，

振荡频率：$f_0 \approx \dfrac{1}{2\pi\sqrt{LC}}$。

例 4-3　电感三点式选频如图 4.10 所示。

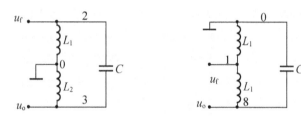

图 4.10　电感三点式选频

振荡频率 $f_0 = \dfrac{1}{2\pi\sqrt{LC}} = \dfrac{1}{2\pi\sqrt{(L_1 + L_2 + 2M)C}}$

例 4-4　电感三点式振荡器如图 4.11 所示。

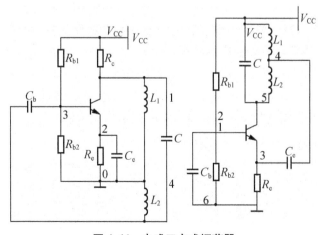

图 4.11　电感三点式振荡器

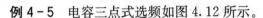

例 4-5 电容三点式选频如图 4.12 所示。

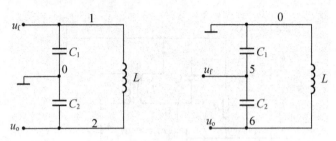

图 4.12　电容三点式选频

振荡频率：$f_0 = \dfrac{1}{2\pi\sqrt{LC}} = \dfrac{1}{2\pi\sqrt{L\dfrac{C_1 \cdot C_2}{C_1 + C_2}}}$

例 4-6 电容三点式振荡器如图 4.13 所示。

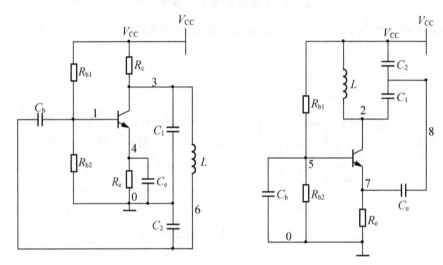

图 4.13　电容三点式振荡器

5. 正反馈网络

正反馈网络由变压器、电阻、电感、电容及其组合电路组成，保证 $U_i = U_f$。在起振过程中使 U_o 从很小逐渐增大到稳定的幅值。

6. 稳幅环节

稳幅环节可以使电路易于起振又能稳定振荡，波形失真小。

7. 石英晶体振荡电路

石英晶体振荡电路是利用石英晶体的高品质因数的特点构成的 LC 振荡电路。
(1) 石英晶体的等效电路与频率特性，其等效电路图如图 4.14 所示。

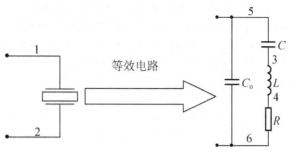

图 4.14　石英晶体等效电路

因 L 大，C、R 小，则 $Q=\dfrac{1}{R}\sqrt{\dfrac{L}{C}}$ 很大，又因加工精度很高，所以能获得很高的频率稳定度。

串联谐振：$f_s=\dfrac{1}{2\pi\sqrt{LC}}$，晶体等效纯阻且阻值约为 0。

并联谐振：$f_p=\dfrac{1}{2\pi\sqrt{LC}}\sqrt{1+\dfrac{C}{C_0}}=f_s\sqrt{1+\dfrac{C}{C_0}}$，通常 $C\ll C_0$，所以 f_s 与 f_p 很接近。

（2）并联型石英晶体振荡器如图 4.15 所示：石英晶体工作在 f_s 与 f_p 之间，相当一个大电感，与 C_1、C_2 组成电容三点式振荡器。由于石英晶体的 Q 值很高，可达到几千以上，所以电路可以获得很高的振荡频率稳定性。

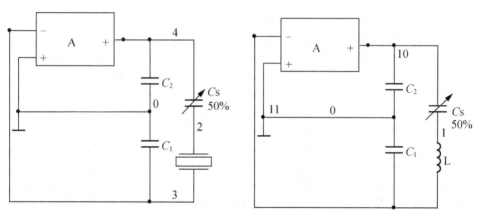

图 4.15　并联型石英晶体振荡器

（3）串联型石英晶体振荡器：石英晶体工作在 f_s 处，呈电阻性，而且阻抗最小，正反馈最强，相移为零，满足振荡的相位平衡条件。对于 f_s 以外的频率，石英晶体阻抗增大，且相移不为零，不满足振荡条件，电路不振荡。

动手做做看

LC 正弦波振荡电路的仿真测试

图 4.16 所示是电容三点式振荡电路，图 4.17 所示是改进型电容三点式振荡电路，振荡放大晶体管采用 2N3904。电容三点式振荡电路中，L_1、C_1 构成 LC 选频网络，C_2、C_3 构成反馈网络，适当调整 C_2、C_3 的数值，就能满足振幅平衡条件，R_1、R_3 组成分压式

基极偏置电路，R_2 为射极偏置电阻。该电路振荡频率较高，但电路受环境温度、极间分布电容影响较大，振荡频率稳定性较差。在图 4.17 中，L_1、C_1 构成 LC 选频网络，C_2、C_3 构成反馈网络，适当调整 C_2、C_3 的数值，就能满足振幅平衡条件，R_1、R_3 组成分压式基极偏置电路，R_2 为集电极偏置电阻，R_4 为射极偏置电阻。该电路受环境温度、极间分布电容影响较小，振荡频率稳定性较好。仿真结果分析如下。

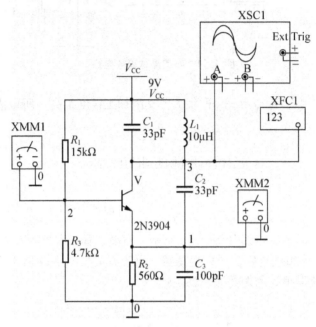

图 4.16　电容三点式振荡电路

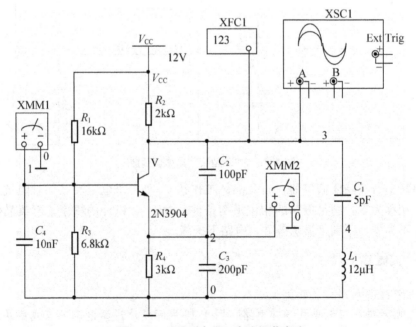

图 4.17　改进型电容三点式振荡电路

（1）电路起振应该具备哪些条件？

（2）电容三点式振荡电路与改进型电容三点式振荡电路相比较具备哪些特点？晶体管结电容是否会对电路振荡频率产生影响？

任务 4.2　调频电路的分析与调试

要想让电磁波有效地传播，就必须利用频率更高（波长更短）的高频信号，并设法将需要传送的信号"装载"在这种高频信号上，然后由天线辐射出去。这样天线尺寸就比较小，不同的广播电台可以采用不同的高频信号，彼此互不干扰。将传送信号"装载"在高频信号中的过程，或者说用传送信号去控制等幅高频信号的过程称为"调制"。调制可以分为以下几类。

当被调制的是高频信号的振幅时，这种调制称为幅度调制，简称调幅。

当被调制的是高频信号的频率时，这种调制称为频率调制，简称调频。

当被调制的是高频信号的相位时，这种调制称为相位调制，简称调相。

经过调制后的高频信号被称为已调波。由于它的频率很高，可以用长度较短的天线发送到空间中去。由此可见，等幅高频振荡信号实际上起着运载被传送信号的作用，在无线电技术中常称之为载波。被传送的信号起着调制载波的作用，称为调制信号。

4.2.1　无线电信号传输的基本原理

线电通信的任务是利用电磁波将各种电信号由发送端传送给接收端，以达到传递信息的目的。以无线电广播为例（无线电广播包括声音广播和电视广播），它是将载有声音或图像的电信号，利用电磁波的形式从电台传送给远方的广大听众或观众。

在电信号传播的初步知识中，人耳能听到的声音信号的频率在 20Hz～20kHz 之间，通常称为音频，这样的声音信号在空气中传播的速度约为 340m/s，而且衰减很快。一个人无论怎样用力叫喊，他的声音也不会传得很远。为了把声音传到远方，常用的方法是将其转变为电信号，再设法把电信号传送出去。将声音变为电信号的装置一般为话筒，当人对着话筒讲话时，话筒就输出与声音对应的电压或电流。

要将电信号传送到远方，一般有两个办法：一是架设电线或电缆，这样成本昂贵；二是利用电磁波来传送信号，实现无线传送。

电磁波麦克斯韦的电磁波理论证明，电磁波传播具有方向性，任何形式的电波在真空中的传播速度都为 $c = 3 \times 10^8 \text{m/s}$。

电磁波在一个振荡周期内传播的距离叫波长，用 λ 表示，波长与速度的关系为 $\lambda = cT$ 或 $\lambda = cf$，式中，T 为振荡周期，单位为 s，f 为振荡频率，单位为 Hz。

电磁波的另一个重要性质是它具有能量。电磁波所具有的能量在传播过程中会逐渐衰减，不过它在空气中衰减得很慢，因而能传播到很远的地方。

为了使电磁波能有效地向空间辐射，就必须使用天线。对电磁波发射的进一步研究表明，只有当天线尺寸和电磁波的波长同量级时，才能有效地将电磁波辐射出去。要制造出与某声音信号尺寸相当的天线是不可能的，即使发射出去，各个电台发出的信号都在同一频率范围内，它们在空中混在一起，也会让接收者无法选择。为了传送电信号，就要采用一种新的方法，即"调制"。

接收无线电广播的主要过程：接收是发送的逆过程，它的基本任务是将空中传送的高频已调信号接收下来，并还原成调制信号。这种还原的过程称为解调，完成这一功能的相应部件称为解调器。

4.2.2 调幅与检波

无线电信号调制与解调方法有很多种，调制方法包括调幅、调频、调相等，解调方法包括检波、鉴频等，下面将主要介绍调频的知识。

1. 调幅

调幅就是使载波的振幅随调制信号的变化而变化。调幅波如图 4.18 所示。

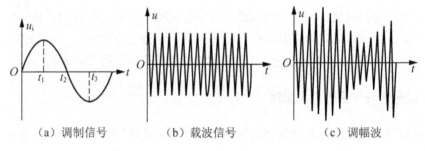

|（a）调制信号|（b）载波信号|（c）调幅波|

图 4.18　调幅波波形

2. 调幅电路

调幅电路中一般采用非线性器件来完成信号调幅功能。调制信号和载波信号一起加在非线性器件晶体二极管上，由非线性器件频率变换作用可知，在二极管中电流 $i(t)$ 产生许多新的频率组合分量，可以利用 LC 并联谐振回路的选频作用，得到所需调幅波信号。

3. 调幅波的解调——检波

从高频已调调幅信号中检出调制信号的过程称为检波，又称解调，检波是调制的逆过程。对于普通调幅波检波，由于其包络反映了调制信号变化的规律，因此，检波器的输出电压的波形应当与输入调幅波包络相同。综上所述，一个检波器需要由以下 3 个基本部分组成。

（1）输入电路——选取高频调幅信号。

（2）非线性元器件——进行频率变换，产生许多新的频率成分，其中包括原调制信号。

（3）低通滤波器——滤除无用的频率成分，取出原调制信号。

4.2.3　调频与鉴频

调频波形调频就是使载波的频率随调制信号的变化而变化，如图 4.19 所示。可以看出，随着调制信号电压的改变，调频信号的频率也相应变化。对应于调制信号电压瞬时值为最大的 t_1 时刻，调频信号频率最高，高于载频一个最大频偏量；在调制信号电压为零的 t_2 时刻，调频波频率就是载波频率；对应于调制信号电压为负最大值的 t_3 时刻，调频信号频率最低，低于载波频率一个最大频偏量，而振幅不变。

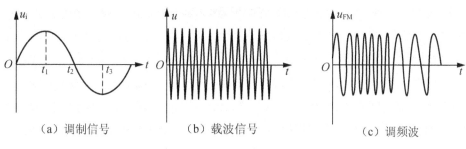

（a）调制信号　　　　　　　　（b）载波信号　　　　　　　　（c）调频波

图 4.19　调频信号波形

1. 变容管调频电路

实现调频的方法较多，归纳起来有两种：直接调频法和间接调频法。间接调频法是将调制信号积分后，再对载波进行调相，结果得到调频波。这种方法是由调相变调频，在本项目中不进行介绍。直接调频是用调制信号直接控制振荡器的振荡频率，使其不失真地反映调制信号的变化规律，以产生调频波。因此，凡是能直接影响振荡器振荡频率的元器件或其参数，只要能够用调制信号去控制它们，并使振荡频率按调制信号的变化规律线性地变化，就可以实现直接调频。直接调频电路又称为调频振荡器。直接调频时，被控振荡器可以是产生正弦波的 LC 振荡器和晶体振荡器，也可以是产生非正弦波的张弛振荡器。后者所产生调频的非正弦波再经过滤波等方法变换为调频正弦波。此类电路本项目中不进行介绍。

对于用 LC 正弦波振荡器作为被控振荡器的直接调频电路，其振荡频率主要取决于振荡回路的电感量和电容量。因此，只要在振荡回路中接入可变电抗元器件（电感或电容）并使该电抗元器件受调制信号控制，就可以产生振荡频率随调制信号变化的调频波。

在实际电路中，可变电抗种类很多，如变容二极管、具有铁氧体磁心的电感线圈、电容式话筒等。现在应用最广泛的是作为电压控制的可变电容器件——变容二极管（简称变容管）。

直接调频电路具有频偏大、调制灵敏度高、电路简单等优点，但它也具有中心频率稳定度较差的缺点，这一缺点可用频率合成技术来弥补。变容二极管直接调频电路由于体积小、寿命长、损耗小、工作频率高和所需调制功率小等优点，在广播、电视和通信等领域得到了广泛的应用。变容管调频原理电路如图 4.20 所示。

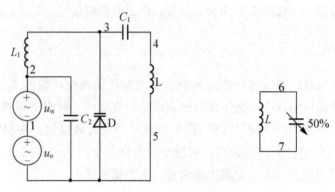

图 4.20 变容管调频原理电路

2. 调频波的解调——鉴频

从调频信号中取出原调制信号的过程，称为鉴频。由于调频波为等幅疏密波，它所传送的信息包含在它的频率变化之中。因此，鉴频器的输出信号必须与输入调频波的瞬时频率变化呈线性关系。鉴频的方法有很多种，其基本工作原理都是将输入的调频波进行特定的波形变换，使变换后的波形包含反映瞬时频率变化的平均分量，再通过低通滤波器得到所需的调制信号。常用的方法有以下 3 种。

第一种方法是首先进行波形变换，将等幅调频波 $u_{FM}(t)$ 变换成幅度随瞬时频率变化的调频—调幅波 $u_{AF}(t)$，然后用包络检波器将振幅变化检测出来，以恢复调制信号，从而达到鉴频的目的。

第二种方法是先将输入的等幅调频波 $u_{FM}(t)$ 通过线性网络进行频率—相位变换，得到附加相移随瞬时频率变化的调相—调频波 $u_{PF}(t)$，然后用鉴相器将它相对于 $u_{FM}(t)$ 的附加相移变化检测出来，以恢复调制信号，从而达到鉴频的目的，这种鉴频方法称为相位鉴频。

第三种方法是将输入的等幅调频波 $u_{FM}(t)$ 通过非线性变换网络进行波形变换，得到数目与瞬时频率成正比，但幅度和形状相同的调频脉冲序列 $u_p(t)$，然后让 $u_p(t)$ 经过低通滤波器。其输出电压 $u_o(t)$ 反映了 $u_p(t)$ 的平均分量的变化，即 $u_o(t)$ 与脉冲数目或调频波的瞬时频率成正比，因此 $u_o(t)$ 就是原调制信号 $u_w(t)$。也可将 $u_p(t)$ 直接通过脉冲计数器，得到反映瞬时频率变化的原调制信号 $u(t)$，这种鉴频器称为脉冲计数式鉴频器。

3. 自动频率控制

在电子设备中，除了常常采用自动增益控制(AGC)电路外，还广泛采用自动频率控制(AFC)电路。AFC 电路又称为自动频率微调电路，它也是一种反馈控制电路，其作用是使振荡器频率自动调整到预期的标准频率附近。

4.2.4 小信号调谐放大电路

高频放大电路包括高频小信号谐振放大电路和高频功率放大电路(简称高频功放)两大

类，其中高频功率放大电路和高频小信号谐振放大电路都是高频放大电路，且负载均为谐振网络，但两者也有较大的差异：①高频小信号谐振放大电路输入信号很小（mV 级或 μV 级），而高频功率放大电路输入信号要大得多；②对高频小信号谐振放大电路的技术指标的要求侧重于能不失真地放大有用信号，抑制干扰信号，而对其输出功率和效率基本没有要求，而高频功率放大电路则要求有大的输出功率和高的效率；③高频小信号放大电路工作在甲类状态，而高频功率放大电路则工作在丙类状态，两者虽然都以选频网络作为负载，但两者的选频作用却不同；④高频小信号放大电路是利用选频网络滤除大量的干扰信号，选出有用信号，而高频功率放大电路则是利用选频网络来选出信号的基波分量。

在复杂的周期性振荡中，包含基波和谐波。和周期性振荡最长周期相等的正弦波分量称为基波，相应于这个周期的频率称为基本频率。频率等于基本频率整倍数的正弦波分量称为谐波。

采用具有谐振性质的元件（如 LC 谐振回路）作为负载的放大电路称为谐振放大电路，又称调谐放大电路。在无线接收系统中常用作中频放大电路。本部分内容讨论的是小信号谐振放大电路，其工作在甲类状态。由于负载的谐振特性，小信号调谐放大电路不但具有放大作用，而且具有选频作用，因此应用非常广泛。

小信号调谐放大电路有分散选频和集中选频两大类。分散选频的每级放大电路都接入谐振负载，为分立元器件电路；而集中选频的调频放大电路都为集成宽带放大电路，且谐振负载多为集中滤波器。

分散选频的小信号调谐放大电路又根据负载选频网络的不同特点，分为单调谐回路调谐放大电路和双调谐回路调谐放大电路。

单调谐放大电路如图 4.21 所示，图中 R_{b1}、R_{b2}、R_e 组成了稳定工作点的分压偏置电路。C_e、C_b 为高频旁路电容，LC 组成并联谐振回路，其谐振频率应为输入信号频率（理想状态下），Z_L 为负载阻抗。

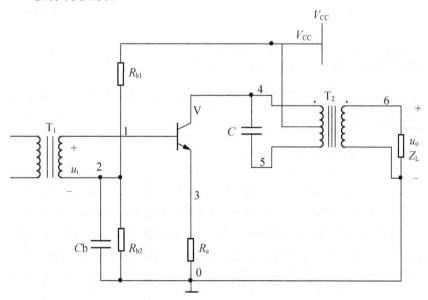

图 4.21　单调谐放大电路

单调谐放大电路的工作过程是这样的：输入信号经 T_1 变压器加在晶体管的 b、e 极之间，使晶体管产生电流 i_b，由于晶体管本身的电流放大作用，产生较大的集电极电流 i_c，当谐振回路调谐在输入信号频率时，在回路两端出现最高的谐振电压，这个电压经变压器 T_2 耦合到负载阻抗 Z_L 上，从而使负载得到较大的功率或电压。调谐放大电路的技术指标除了电压增益外，还有通频带和选择性。通常单调谐放大电路的通频带和选择性是由放大电路的谐振特性曲线决定的，而通频带和选择性是一对矛盾，要在保证信号能正常通过的基础上，提高选择性。理想的谐振曲线是矩形的，它的宽度等于要求的带宽，在带宽范围内曲线平直，而在通带之外，矩形两边立即下降。显然，单调谐放大电路的谐振曲线与理想谐振曲线的形状相差很大，所以单调谐放大电路只能用于对通频带和选择性要求不高的场合。

分散选频的小信号调谐放大电路在组成多级放大电路时，线路比较复杂，调试不方便，稳定性不高，可靠性较差，尤其是不能满足某些特殊频率特性的要求。随着电子技术的不断发展，出现了采用集中滤波和集中放大相结合的小信号谐振放大电路，即集中选频式放大电路，这种放大电路多用于放大中频信号，故常称为集成中频放大电路。

1. 集成中频放大电路的组成

集成中频放大电路是由集成宽带放大电路和集中滤波器组成的。它有两种形式，一是集中滤波器在集成宽带放大的后面，二是集中滤波器在集成宽带放大的前面。无论哪一种类型的集成中频放大电路，其集成宽带放大电路的频带都应比被放大信号的频带和集中滤波器的频带更宽一些。

2. 集成宽带放大电路的应用

随着电子技术的发展，宽带放大电路已实现集成化，集成宽带放大电路性能优良，使用方便，已得到广泛应用，集成宽带放大电路的具体应用可参阅有关资料，在本项目中不再阐述。

4.2.5 高频功率放大电路

高频功率放大电路的作用是使高频信号获得足够大的功率，这样才能满足天线辐射功率的要求，所以高频功率放大电路又常称为射频功率放大电路。

1. 高频功率放大电路的分类

根据相对工作频带的宽窄不同，高频功率放大电路可分为窄带型和宽带型两大类。窄带型高频功率放大电路常采用具有选频作用的谐振网络作为负载，所以又称为谐振功率放大电路。为了提高效率，谐振功率放大电路常工作于乙类或丙类状态。其中放大高频调幅信号的功率放大电路为减小失真，一般工作于乙类状态，这类功率放大电路又称为线性功率放大电路。放大等幅信号的谐振功率放大电路一般工作于丙类状态。宽带型高频功率放大电路采用工作频带很宽的传输线变压器作为负载，可以实现功率合成，在本项目中不作具体讨论。

2. 谐振高频功率放大电路的特点

高频功率放大电路与低频功率放大电路存在某些相似之处：作为功率放大电路，高频功率放大电路与低频功率放大电路都要求有较大的输出功率。但是，它们的工作频率和相对频带相差很大，负载的性质和工作状态也不同，这就决定了高频功率放大电路（以下简称高频功放）有自己的特点。

首先，高频功率放大电路工作频率高，但相对频带却很窄。例如，我国中波调幅广播的频段范围为 535～1605kHz，调幅信号频带宽度约为 10kHz。如中心频率取为 1000kHz，则相对频带只相当于中心频率的 1%。低频功率放大电路工作频率低，但相对频带却宽，例如，从 20Hz～20kHz，高低频率之比达 1000 倍。由于高频功率放大电路处理的是窄带信号（指带宽远远小于其中心频率的信号），因此可用窄带电路（谐振电路）来处理它们。

其次，高频功率放大电路一般都采用选频网络作为负载回路，而低频功率放大电路却不能采用调谐负载，只能用电阻、变压器等非谐振负载。由于这一特点，使得两种放大电路所处的工作状态也不同，低频功率放大电路可工作于甲类、乙类、甲乙类状态，而高频功率放大电路一般都工作于丙类状态（也可工作于丁类状态）。

注意：丙类状态是指在输入信号的整个周期内，只有小半个周期内有电流 I_c 流过放大管，导通角小于 180°，因此非线性失真严重；丁类状态是指晶体管在半个周期内饱和导通，另半个周期内截止，晶体管工作在开关状态。

3. 丙类谐振功率放大电路的工作原理

丙类谐振功率放大电路的原理电路如图 4.22 所示。由图 4.22 可见，放大电路由晶体管 V，谐振回路 L_1、C_1、L_2、C_2 及电源 3 部分组成。晶体管 V 起开关控制作用，按输入信号的变化规律，把直流能量转变为交流能量。谐振回路的作用有 3 个：一是传输功率，当回路工作于调谐频率时，可把基波功率从输入端送到晶体管，再由晶体管放大后传送给负载，起选取基波分量的作用；二是滤波后除去各次谐波成分；三是匹配作用，当输入匹配时，可从前级获得最大功率，当输出匹配时，可保证放大电路输出最大功率。电源分两组，一组为基极电源 V_{BB}，它的作用是保证晶体管工作在丙类状态；另一组是集电极电源 V_{CC}，它是功率放大电路的能源。

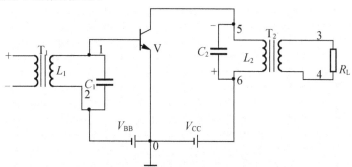

图 4.22　丙类谐振功率放大电路

动手做做看

变容二极管调频电路的仿真测试

在图 4.23 当中，L_1、C_1、D_1 构成选频网络，并且随着 D_1 两端电压的变化，D_1 的结电容也发生变化，选频网络的谐振频率也随之发生改变。C_2、C_3 组成反馈网络，调节 C_2、C_3 的容量，可以调节反馈系数的大小，从而实现控制电路的起振及改变信号输出幅度。1N5450A 可用其他型号参数相近的变容二极管代用。

（1）在图 4.24 所示的坐标中绘制相关仿真实训数据，并将所标参数坐标点连接起来；观察该电路的调频特性（线性度）。

（2）频率与电压关系图可分析总结直流电源 V_{CC2} 对电路振荡频率的影响。

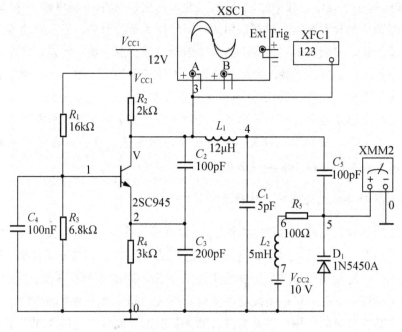

图 4.23 变容二极管调频电路

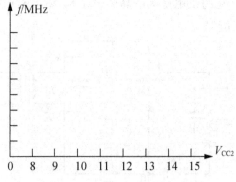

图 4.24 频率与电压关系图

综合任务　无线话筒的分析制作与调试

任务 4.1 至任务 4.2 完成了学习情境 4 所需单元电路知识的学习与技能训练，在本环节要求同学们根据以表 4-2～表 4-4 提供的资讯单、决策计划单、实施单完成 LED 无线话筒的分析制作与调试。

表 4-2　无线话筒的分析制作与调试资讯单

资讯单		
班级姓名学号		得分
振荡器的功能、电路结构与振荡条件		
LC 振荡器的电路组成与工作原理		
RC 桥式振荡器的电路结构与工作原理		
石英晶体振荡器的电路组成、元件作用		
高频放大电路的特点		
信号的调制与解调		

表 4-3　无线话筒的分析制作与调试决策计划单

决策计划单		
班级学号姓名		得分

无线话筒设计路框图如图 4.25 所示。

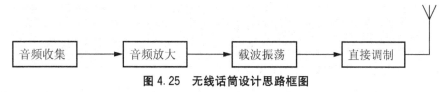

图 4.25　无线话筒设计思路框图

电路设计思路

设计思路提示：考虑用驻极体话筒采集声音信号并转化成电信号，采用放大器放大小信号，可用高频晶体管 C9018 和电容组成一个电容三点式的振荡器实现高频振荡，通过晶体管集电极负载的电容、电感组成谐振器，通过改变晶体管的基极和发射极之间电容来实现调频，当声音电压信号加到晶体管的基极上时，晶体管的基极和发射极之间电容会随着声音电压信号大小发生同步的变化，同时使晶体管的发射频率发生变化，实现频率调制，谐振频率就是调频话筒的发射频率，发射信号通过电容耦合到天线上再发射出去

续表

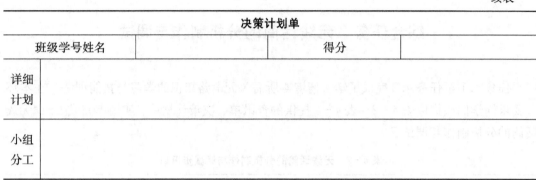

表 4-4 无线话筒的分析制作与调试实施单

实施单			
班级姓名学号		得分	

电路设计

无线电话筒原理图如图 4.26 所示。

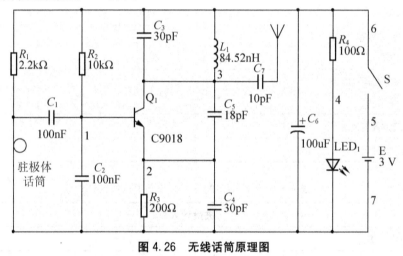

图 4.26 无线话筒原理图

设计提示：

(1) 音频收集模块：考虑采用驻极体小话筒 MIC。

(2) 音频放大模块：对所收集到的音频信号进行无失真地放大，为下面的调制做准备。这里的音频放大模块可以采取基本的晶体管甲类的放大。

(3) 载波振荡模块：可以考虑用高频晶体管与电容构成一个电容三点式振荡器。通过调整振荡器中的电感参数改变发射频率。

(4) 直接调制模块：将已经放大的音频相关信号和载波振荡产生的高频载波信号进行叠加，发射通过电容耦合到天线上再发射出去。

(5) 元件参数的确定：

① 计算制作电感：由公式 $f = \dfrac{1}{2\pi\sqrt{LC}}$ 计算得出电感 L 的参数。

② 晶体管及其他元件的选择：根据计算参数选取合适的元件

续表

实施单			
班级姓名学号		得分	

仿真 调试		1. 用虚拟信号模拟话筒发出的声音 2. 观察滤波后的声音信号 3. 观察经调制后的信号 注：请同学们请附上仿真调试各调试步骤的截图
实物 组装 调试		1. PCB 布线图设计 注：这里附上设计步骤文字说明及对应截图 2. 采购元件 3. 组装焊接 注：这里附上组装过程文字说明及相关图片 4. 功能调试 注：这里附上调试成功的图片
成果 展示		1. 撰写设计报告 2. 制作 PPT，展示成果

本学习情境的评分表和评分标准分别见表 4-5 和表 4-6。

表 4-5　学习情境 4 评分表

评分表				
班级学号姓名：		得分合计：		等级评定：
评价分类列表	比值	小组评分 20%	组间评分 30%	教师评分 50%
单元电路分析与调试	30			
综合实训 资讯	10			
决策计划	10			
实施	25			
检查	5			
评价	5			
设计报告	10			
学习态度	5			

表 4-6　评分标准

学习情境 4：无线话筒的制作与调试			
评价分类列表	比值	评分标准	得分
无线话筒单元电路分析与 调试	30	能测试振荡电路、变容二极管调频电路 能安装并调试高频放大电路	

续表

学习情境 4：无线话筒的制作与调试

评价分类列表		比值	评分标准	得分
无线话筒分析设计与调试	资讯	10	能尽可能全面地收集与学习情境相关的信息	
	决策计划	10	决策方案切实可行、实施计划周详实用	
	实施	25	掌握电路的分析、设计、组装调试等技能	
	检查	5	能正确分析故障原因并排除故障	
	评价	5	能对成果做出合理的评价	
	设计报告	10	能撰写规范详细的设计报告	
学习态度		5	学习态度好，组织协调能力强，能组织本组进行积极讨论并及时分享自己的成果，能主动帮助其他同学完成任务	

课后思考与练习

一、选择题

1. 振荡器的振荡频率取决于（　　　）。

A. 供电电源　　　　B. 选频网络　　　　C. 晶体管的参数　　　D. 外界环境

2. 为提高振荡频率的稳定度，高频正弦波振荡器一般选用（　　　）。

A. LC 正弦波振荡器　　　　　　　　B. 晶体振荡器

C. RC 正弦波振荡器

3. 设计一个振荡频率可调的高频高稳定度的振荡器，可采用（　　　）。

A. RC 振荡器　　　　　　　　　　B. 石英晶体振荡器

C. 互感耦合振荡器　　　　　　　　D. 并联改进型电容三点式振荡器

4. 串联型晶体振荡器中，晶体在电路中的作用等效于（　　　）。

A. 电容元件　　　B. 电感元件　　　C. 大电阻元件　　　D. 短路线

5. 振荡器是根据（　　　）反馈原理来实现的，（　　　）反馈振荡电路的波形相对较好。

A. 正、电感　　　B. 正、电容　　　C. 负、电感　　　D. 负、电容

6. （　　　）振荡器的频率稳定度高。

A. 互感反馈　　　B. 克拉泼电路　　　C. 西勒电路　　　D. 石英晶体

7. 石英晶体振荡器的频率稳定度很高是因为（　　　）。

A. 低的 Q 值　　　B. 高的 Q 值　　　C. 小的接入系数　　　D. 大的电阻

8. 正弦波振荡器中正反馈网络的作用是（　　　）。

A. 保证产生自激振荡的相位条件

B. 提高放大器的放大倍数，使输出信号足够大

C. 产生单一频率的正弦波

D. 以上说法都不对

9. 在讨论振荡器的相位稳定条件时，并联谐振回路的 Q 值越高，值 $\dfrac{\partial \varphi}{\partial \omega}$ 越大，其相位稳定性（　　）。

A. 越好　　　　　　B. 越差　　　　　　C. 不变　　　　　　D. 无法确定

10. 并联型晶体振荡器中，晶体在电路中的作用等效于（　　）。

A. 电容元件　　　　B. 电感元件　　　　C. 电阻元件　　　　D. 短路线

11. 克拉泼振荡器属于（　　）振荡器。

A. RC 振荡器　　　　　　　　　　B. 电感三点式振荡器

C. 互感耦合振荡器　　　　　　　　D. 电容三点式振荡器

12. 振荡器与放大器的区别是（　　）。

A. 振荡器比放大器电源电压高

B. 振荡器比放大器失真小

C. 振荡器无需外加激励信号，放大器需要外加激励信号

D. 振荡器需要外加激励信号，放大器无需外加激励信号

13. 如图 4.27 所示电路，以下说法正确的是（　　）。

A. 该电路由于放大器不能正常工作，不能产生正弦波振荡

B. 该电路由于无选频网络，不能产生正弦波振荡

C. 该电路由于不满足相位平衡条件，不能产生正弦波振荡

D. 该电路满足相位平衡条件，可能产生正弦波振荡

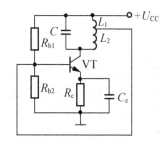

图 4.27　电路图

14. 改进型电容三点式振荡器的主要优点是（　　）。

A. 容易起振　　　　　　　　　　B. 振幅稳定

C. 频率稳定度较高　　　　　　　D. 减小谐波分量

15. 在自激振荡电路中，下列说法正确的是（　　）。

A. LC 振荡器、RC 振荡器一定产生正弦波

B. 石英晶体振荡器不能产生正弦波

C. 电感三点式振荡器产生的正弦波失真较大

D. 电容三点式振荡器的振荡频率做不高

16. 利用石英晶体的电抗频率特性构成的振荡器是（　　）。

A. $f=f_s$ 时，石英晶体呈感性，可构成串联型晶体振荡器

B. $f=f_s$ 时，石英晶体呈阻性，可构成串联型晶体振荡器

C. $f_s<f<f_p$ 时，石英晶体呈阻性，可构成串联型晶体振荡器

D. $f_s<f<f_p$ 时，石英晶体呈感性，可构成串联型晶体振荡器

17. 图 4.28 所示是一个正弦波振荡器的原理图，它属于（　　）振荡器。

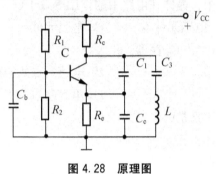

图 4.28　原理图

A. 互感耦合　　　　　B. 西勒　　　　　C. 哈特莱　　　　　D. 克拉泼

二、填空题

1. 振荡器的振幅平衡条件是_____，相位平衡条件是_____。

2. 石英晶体振荡器频率稳定度很高，通常可分为_____和_____两种。

3. 电容三点式振荡器的发射极至集电极之间的阻抗 Z_{ce} 性质应为_____，发射极至基极之间的阻抗 Z_{be} 性质应为_____，基极至集电极之间的阻抗 Z_{cb} 性质应为_____。

4. 要产生较高频率信号应采用_____振荡器，要产生较低频率信号应采用_____振荡器，要产生频率稳定度高的信号应采用_____振荡器。

5. LC 三点式振荡器电路组成的相位平衡判别是与发射极相连接的两个电抗元件必须_____，而与基极相连接的两个电抗元件必须为_____。

三、判断题

1. 串联型石英晶体振荡电路中，石英晶体相当于一个电感而起作用。　　　　（　　）

2. 电感三点式振荡器的输出波形比电容三点式振荡器的输出波形好。　　　　（　　）

3. 反馈式振荡器只要满足振幅条件就可以振荡。　　　　（　　）

4. 串联型石英晶体振荡电路中，石英晶体相当于一个电感而起作用。　　　　（　　）

5. 放大器必须同时满足相位平衡条件和振幅条件才能产生自激振荡。　　　　（　　）

6. 正弦振荡器必须输入正弦信号。　　　　（　　）

7. LC 振荡器是靠负反馈来稳定振幅的。　　　　（　　）

8. 正弦波振荡器中如果没有选频网络，就不能引起自激振荡。　　　　（　　）

9. 反馈式正弦波振荡器是正反馈一个重要应用。　　　　　　　　　（　　）

10. LC 正弦波振荡器的振荡频率由反馈网络决定。　　　　　　　　（　　）

11. 振荡器与放大器的主要区别之一是：放大器的输出信号与输入信号频率相同，而振荡器一般不需要输入信号。　　　　　　　　　　　　　　　　　（　　）

12. 若某电路满足相位条件（正反馈），则一定能产生正弦波振荡。　（　　）

13. 正弦波振荡器输出波形的振幅随着反馈系数 F 的增加而减小。　（　　）

四、简答题

1. 图 4.29 是一个三回路振荡器的等效电路，设有下列两种情况。

（1）$L_1C_1<L_2C_2<L_3C_3$；（2）$L_1C_1<L_2C_2=L_3C_3$（还有其他的类型）。试分析上述两种情况是否能振荡，如能，给出振荡频率范围。

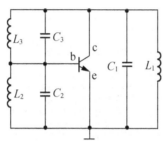

图 4.29　题 1 图

2. 图 4.30 所示为石英晶体振荡器，指出它们属于哪种类型的晶体振荡器，并说明石英晶体在电路中的作用。

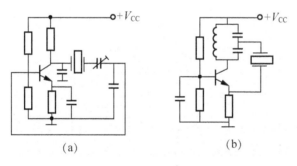

图 4.30　题 2 图

3. 用相位平衡条件的判断准则，判断图 4.31 所示的三端式振荡器交流等效电路，哪些不可能振荡，哪些可能振荡，不能振荡的说明原因，若能振荡，属于哪种类型的振荡电路，并说明在什么条件下才能振荡。

4. 试画出三端式振荡器的等效三端电路图并说明判断是否振荡的原则。

5. 画出如图 4.32 所示振荡器的交流等效电路图，并说明是什么类型的振荡器。

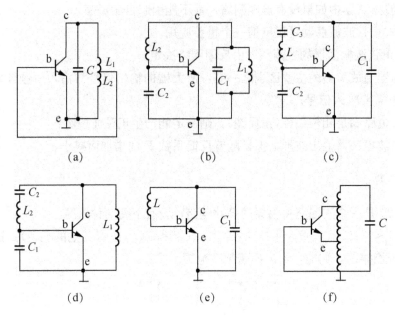

图 4.31 题 3 图

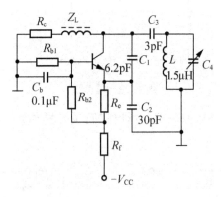

图 4.32 题 5 图

五、计算题

1. 某振荡器原理电路如图 4.33 所示,已知 $C_1=470\text{pF}$, $C_2=1000\text{pF}$,若振荡频率为 10.7MHz,求:(1)画出该电路的交流通路。

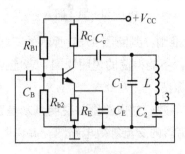

图 4.33 某振荡器原理电路图

（2）该振荡器的电路形式。

（3）回路的电感。

（4）反馈系数。

2. 某振荡电路如图 4.34 所示 $C_1 = 200\text{pF}$，$C_2 = 400\text{pF}$，$C_3 = 10\text{pF}$，$C_4 = 50 \sim 200\text{pF}$，$L = 10\mu\text{H}$。

（1）画出交流等效电路。

（2）回答能否振荡。

（3）写出电路名称。

（4）求振荡频率范围。

（5）求反馈系数。

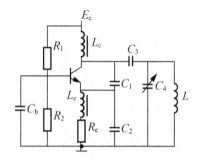

图 4.34　振荡电路图

学习情境 5

四路数显抢答器的制作与调试

学习目标

能力目标：会识别和测试常用集成逻辑门芯片；会用集成逻辑门芯片设计对应功能的组合逻辑电路；能用逻辑门芯片设计 4 路普通抢答器；能在四路普通抢答器基础上进一步设计四路数显抢答器。

知识目标：理解与、或、非 3 个基本逻辑关系；掌握逻辑代数与逻辑函数的化简；掌握逻辑函数的正确表示方法；熟悉逻辑门电路的逻辑功能；掌握集成逻辑门的正确使用；掌握用逻辑门芯片分析设计组合逻辑电路的方法；了解数制与编码基础知识，了解 8 - 3 线优先编码器 74LS148 和 10 - 4 线优先编码器 74LS147 的功能；掌握通用译码器 74LS138、显示译码器 74LS48 的逻辑功能；掌握数码显示管的使用。

学习情境背景

抢答器在各类抢答竞赛中应用广泛，抢答器有灯光指示型，有声音提示型，有数字显示提示型，相比较而言数字显示型的抢答器更能公正、准确、直观地判断出抢答成功对象的相应序号。图 5.1 为企业实际生产的抢答器，也是实际抢答竞赛中常用的抢答器。抢答器通常以单片机为核心设计，为了适合本课程的教学内容，课程教学团队根据实际数显抢答器的功能设计出了一款仿真的四路数显抢答器，电路原理图如图 5.2 所示。

图 5.1　实际生产的数显抢答器

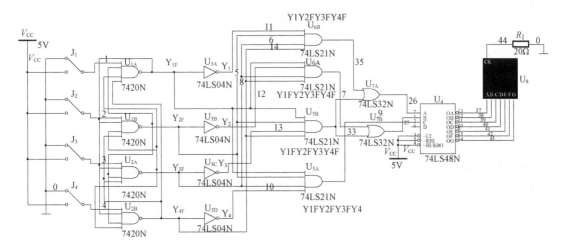

图 5.2　四路数显抢答器电路原理图

学习情境组织

本学习情境中数显抢答器电路主要由逻辑门芯片、显示译码器和数码显示管构成，由此，可将本学习情境分为 6 个单元电路的分析与调试和一个综合实训，具体内容组织见表 5-1。

表 5-1　学习情境 5 内容组织

学习情境 5：四路数显抢答器的制作与调试			
	比值	子任务	得分
抢答器单元电路的分析与调试	30	任务 5.1　逻辑代数与逻辑门基础知识	
		任务 5.2　逻辑代数的化简	
		任务 5.3　组合逻辑函数的分析与设计	
		任务 5.4　数制与编码	
		任务 5.5　编码器的分析与测试	
		任务 5.6　译码器逻辑功能的测试	

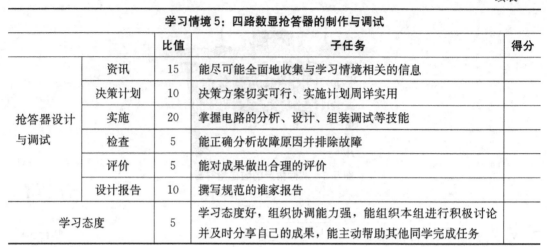

续表

学习情境5：四路数显抢答器的制作与调试

		比值	子任务	得分
抢答器设计 与调试	资讯	15	能尽可能全面地收集与学习情境相关的信息	
	决策计划	10	决策方案切实可行、实施计划周详实用	
	实施	20	掌握电路的分析、设计、组装调试等技能	
	检查	5	能正确分析故障原因并排除故障	
	评价	5	能对成果做出合理的评价	
	设计报告	10	撰写规范的谁家报告	
学习态度		5	学习态度好，组织协调能力强，能组织本组进行积极讨论 并及时分享自己的成果，能主动帮助其他同学完成任务	

课 前 预 习

1. 什么是逻辑变量？什么是逻辑代数？什么是逻辑函数？什么是逻辑函数的真值表？列真值表的步骤是什么？

2. 三种基本逻辑运算分别是什么运算？给出各自的定义，列出各自的真值表，写出各自表达式和逻辑符号。

3. 什么是复合逻辑运算？基本复合逻辑运算有几种？分别是什么运算？列出各自的真值表，写出各自表达式和逻辑符号。

4. 四种表示逻辑函数的方法分别是什么？真值表、逻辑表达式、逻辑电路图间如何实现转化？

5. 什么是逻辑门电路？常用基本门和复合门电路有哪些？说明 74LS00、74LS02、74LS04、74LS08、74LS20 等常用逻辑门芯片的内部结构和功能。

6. 逻辑代数化简的常用公式和常用规则有哪些？

7. 什么是逻辑函数的最小项？有何性质？什么是逻辑函数的最小项表达式？什么是卡诺图？逻辑函数如何在卡诺图中的表示？卡诺图有什么性质？卡诺图化简的基本步骤是什么？

8. 什么是组合逻辑电路？组合逻辑电路有何特点？

9. 什么是组合逻辑电路的分析？组合逻辑电路分析的步骤是怎样的？

10. 什么是组合逻辑电路的设计？组合逻辑电路设计的步骤是怎样的？组合逻辑电路的设计与分析之间有什么关系？

11. 什么是编码器？普通编码器和优先编码器的区别是什么？

12. 优先编码器 74LS148、74LS147 的引脚图和功能表分别是怎样的？如何用文字描述优先编码器 74LS148、74LS147 的逻辑功能？

13. 什么是译码器？什么是二进制译码器？什么是二十进制译码器？什么是显示译码器？七段 LED 显示器的结构是怎样的？如何显示不同的数字？

14. 译码器 74LS138、74LS42、74LS48 的引脚图和功能表分别是怎样的？如何用文字描述优先译码器 74LS138、74LS42、74LS48 的逻辑功能？

任务 5.1　逻辑代数与逻辑门基础知识

5.1.1　逻辑代数基础

在逻辑代数中，最基本的逻辑运算有与、或、非 3 种。每种逻辑运算代表一种函数关系，这种函数关系可用逻辑符号写成逻辑表达式来描述，也可用文字来描述，还可用表格或图形的方式来描述。最基本的逻辑关系有 3 种：与逻辑关系、或逻辑关系、非逻辑关系。它们用以实现基本常用逻辑运算的电子电路，简称门电路。例如：实现"与"运算的电路称为与逻辑门，简称与门；实现"与非"运算的电路称为与非门。集成电路逻辑门，按照其组成的有源器件的不同可分为两大类：一类是双极性晶体管逻辑门；另一类是单极性的绝缘栅场效应管逻辑门。逻辑门电路是设计数字系统的最小单元。数字集成电路的规模一般是根据门的数目来划分的。小规模集成电路(SSI)约为 10 个门，中规模集成电路(MSI)约为 100 个门，大规模集成电路(LSI)约为 1 万个门，而超大规模集成电路(VLSI)则为 100 万个门。

1. 逻辑变量

用 1 和 0 表示两种相反状态的变量。例如：开关闭合为 1，晶体管导通为 1，电位高为 1；断开为 0，截止为 0，低为 0。

2. 逻辑代数

逻辑代数逻辑变量组成的表达式。

3. 逻辑函数式

逻辑变量输入输出之间的关系式即为逻辑函数式(也称逻辑表达式)，其一般形式为 $Y=f(A、B、C、\cdots)$。

4. 真值表

列出输入变量的各种取值组合及其对应输出逻辑函数值的表格称真值表。
列真值表的步骤如下。
(1) 按 n 位二进制数递增的方式列出输入变量的各种取值组合。
(2) 分别求出各种组合对应的输出逻辑值填入表格。

电子电路分析与调试

5.1.2 逻辑门基础知识

1. 基本逻辑门

基本逻辑门见表5-2，包括与门、或门、非门。

表5-2 基本逻辑门

运算类型	门类型	定 义	真值表	表达式	仿真逻辑符号
与运算	与门	只有当决定一事件的所有条件全部具备时，这个事件才会发生（全1出1，见0出0）	A B Y 0 0 0 0 1 0 1 0 0 1 1 1	$Y=A \cdot B$ 或 $Y=AB$	
或运算	或门	在决定一事件的各条件中，只要有一个条件具备，这个事件就会发生（全0出0见1出1）	A B Y 0 0 0 0 1 1 1 0 1 1 1 1	$Y=A+B$	
非运算	非门	当条件不具备时，事件才发生（见0出1，见1出0）	A Y 0 1 1 0	$Y=\overline{A}$	

2. 复合逻辑门

复合逻辑门见表5-3，它由基本逻辑运算组合而成的运算

表5-3 复合逻辑门

运算类型	门类型	真值表	表达式	逻辑符号
与非运算	与非门	A B Y 0 0 1 0 1 1 1 0 1 1 1 0	$Y=\overline{AB}$	

运算类型	门类型	真值表	表达式	逻辑符号
或非运算	或非门	A B Y 0 0 1 0 1 0 1 0 0 1 1 0	$Y=\overline{A+B}$	
异或运算	异或门	A B Y 0 0 0 0 1 1 1 0 1 1 1 0	$Y=A\oplus B$ $Y=\overline{A}B+A\overline{B}$	
同或运算	同或门	A B Y 0 0 1 0 1 0 1 0 0 1 1 1	$Y=\overline{A\oplus B}$ $Y=\overline{A}\,\overline{B}+AB$	

3. 双极性晶体管逻辑门和单极性 MOS 门

1) 双极性晶体管逻辑门

双极性晶体管逻辑门主要有 TTL 门(晶体管—晶体管逻辑门)、ECL 门(射极耦合逻辑门)和 I2L 门(集成注入逻辑门)等，使用最广泛的是 TTL 集成门电路，TTL 门电路的特点是速度快、抗静电能力强，但其功耗较大，不适宜做成大规模集成电路。目前广泛应用于中、小规模集成电路中。TTL 门电路有 74(民用)和 54(军用)两大系列，两个系列的参数基本相同，主要在电源电压范围和工作温度范围上有所不同，54 系列适应的范围更大些，54 系列和 74 系列具有相同的子系列，每个系列中又有若干子系列。例如，74 系列包含如下基本子系列。

74：标准 TTL(Standard TTL)。

74L：低功耗 TTL(Low—power TTL)。

74S：肖特基 TTL(Schottky TTL)。

74AS：先进肖特基 TTL(Advanced Schottky TTL)。

74LS：低功耗肖特基 TTL(Low—power Schottky TTL)。

74ALS：先进低功耗肖特基 TTL(Advanced Low—power Schottky TTL)。

其中 74LS 系列产品具有最佳的综合性能，是 TTL 集成电路的主流，是应用最广的系

电子电路分析与调试

列。不同子系列在速度、功耗等参数上有所不同。对于全部的 TTL 集成门电路都采用＋5V 电源供电，逻辑电平为标准 TTL 电平。常见 TTL 门电路如图 5.3 所示。

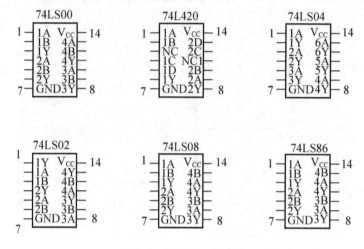

图 5.3 常见 TTL 门电路

2）单极性 MOS 门

单极性 MOS 门主要有 PMOS 门（P 沟道增强型 MOS 管构成的逻辑门）、NMOS 门（N 沟道增强型 MOS 管构成的逻辑门）和 CMOS 门（利用 PMOS 管和 NMOS 管构成的互补电路构成的门电路，故又叫互补 MOS 门），使用最广泛的是 CMOS 集成门电路。

4. 集成门电路参数

这里仅从使用的角度介绍集成逻辑门电路的几个外部特性参数，目的是希望对集成逻辑门电路的性能指标有一个概括性的认识。至于每种集成逻辑门的实际参数，可在具体使用时查阅相关的产品手册和说明。

数字集成电路的性能参数主要包括：直流电源电压、输入/输出逻辑电平、扇出系数、传输延时、功耗等。

1）直流电源电压

TTL 集成电路的标准直流电源电压为 5V，最低 4.5V，最高 5.5V。

CMOS 集成电路的直流电源电压可以在 3～18V 之间，74 系列 CMOS 集成电路有 5V 和 3.3V 两种。CMOS 电路的一个优点是电源电压的允许范围比 TTL 电路大，如 5V CMOS 电路当其电源电压在 2～6V 范围内时能正常工作，3.3V CMOS 电路当其电源电压在 2～3.6V 范围内时能正常工作。

2）输入/输出逻辑电平

对一个 TTL 集成门电路来说，它的输出"高电平"，并不是理想的＋5V 电压，其输出"低电平"，也并不是理想的 0V 电压。这主要是由于制造工艺上的公差，使得即使是同一型号的器件输出电平也不可能完全一样。另外，由于所带负载及环境温度等外部条件的不同，输出电平也会有较大的差异。但是，这种差异应该在一定的允许范围之内，否则就会无法正确标识出逻辑值"1"和逻辑值"0"，从而造成错误的逻辑操作。数字集成电路分别有如下 4 种不同的输入、输出逻辑电平。对于 TTL 电路各种电压范围如下。

（1）低电平输入电压范围 V_{IL}：$0\sim0.8V$。

（2）高电平输入电压范围 V_{IH}：$2\sim5V$。

（3）低电平输出电压范围 V_{OL}：不大于 0.4V。

（4）高电平输出电压范围 V_{OH}：不小于 2.4V。

门电路输出高、低电平的具体电压值与所接的负载有关，对于 5VCMOS 电路各种电压范围如下。

（1）低电平输入电压范围 V_{IL}：$0\sim1.5V$。

（2）高电平输入电压范围 V_{IH}：$3.5\sim5V$。

（3）低电平输出电压范围 V_{OL}：不大于 0.33V。

（4）高电平输出电压范围 V_{OH}：不小于 4.4V。

3）传输延迟时间 t_{pd}

在集成门电路中，由于晶体管开关时间的影响，使得输出与输入之间存在传输延迟。传输延时越短，工作速度越快，工作频率越高。因此，传输延迟时间是衡量门电路工作速度的重要指标。例如，在特定条件下，传输时间为 10ns 的逻辑电路要比 20ns 的电路快。

由于实际的信号波形有上升沿和下降沿之分，因此 t_d 是两种变化情况所反映的结果。一是输出从高电平转换到低电平时，输入脉冲指定参考点与输出脉冲相应参考点之间的时间，记为 t_{PHL}；另一种是输出从低电平转换到高电平时的情况，记作 t_{PLH}，则

$$t_{pd}=\frac{1}{2}(t_{PHL}+t_{PLH})$$

TTL 集成门电路的传输延迟时间 t_{pd} 的值为几纳秒到十几个纳秒；一般 CMOS 集成门，电路的传输延迟时间 t_{pd} 较大，是几十个纳秒左右，但高速 CMOS 系列的 t_{pd} 较小，只有几个纳秒左右；ECL 集成门电路的传输延迟时间 t_{pd} 最小，有的 ECL 系列不到 1ns。

4）扇入和扇出系数

对于集成门电路，驱动门与负载门之间的电压和电流关系如图所示，这实际上是电流在一个逻辑电路的输出与另一个电路的输入之间如何流动的描述。在高电平输出状态下，驱动门提供电流 I_{OH} 给负载门，作为负载门的输入电流 I_{IH}，这时驱动门处于"拉电流"工作状态。而在低电平输出状态下，驱动门处于"灌电流"状态。

扇入和扇出系数是反映门电路的输入端数目和输出驱动能力的指标。

扇入系数：指一个门电路所能允许的输入端个数。

扇出系数：一个门电路所能驱动的同类门电路输入端的最大数目。

扇出系数越大，门电路的带负载能力就越强。一般来说，CMOS 电路的扇出系数比 TTL 电路高。扇出系数的计算公式为：扇出系数 $=\dfrac{I_{OH}}{I_{IH}}$ 或 $=\dfrac{I_{OL}}{I_{IL}}$。

从上式可以看出，扇出系数的大小由驱动门的输出端电流 I_{OL}、I_{OH} 的最大值和负载门的输入端电流 I_{IL}、I_{IH} 的最大值决定。这些电流参数已在制造商的 IC 参数表中以某种形式给出。

5）TTL集成门电路使用注意事项

TTL电路（OC门、三态门除外）的输出端不允许并联使用，也不允许直接与＋5V电源或地线相连。

多余输入端的处理：或门、或非门等，多余输入端不能悬空，只能接地。与门、与非门等，多余输入端可以做如下处理。

（1）悬空：相当于接高电平。

（2）与其他输入端并联使用：可增加电路的可靠性。

（3）直接或通过电阻（100Ω～10kΩ）与电源相接以获得高电平输入。

（4）严禁带电操作。

动手做做看

1. 仿真测试74LS00、74LS02、74LS04、74LS20等常用集成门芯片的逻辑功能。

（1）在Multisim 10仿真软件中搭建如下电路图5.4，逻辑开关A、B接V_{CC}时记为"1"，接地线时记为"0"，指示灯亮为1，灭为0，结合指示灯亮灭情况将测试结果填入表5-4，并根据测试结果总结概括芯片74LS00的逻辑功能。

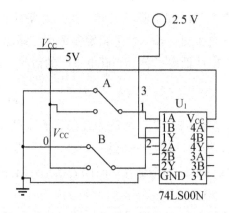

图5.4 芯片74LS00逻辑功能的仿真测试图

表5-4 芯片74LS00逻辑功能表

输 入		输 出
A	B	Y
0	0	
0	1	
1	0	
1	1	

（2）按照步骤（1）的方法分别测试74LS02、74LS04、74LS20芯片的逻辑功能。

2. 在数字实验箱上测试74LS00、74LS02、74LS04、74LS20等常用集成门芯片的逻辑功能，判断性能好坏。

步骤：分别将集成芯片 74LS00、74LS02、74LS04、74LS20 插入数字实验箱的对应芯片插座，输入端接数字实验箱的逻辑电平开关，输出端接逻辑电平指示灯，14 脚 V_{CC} 接 +5V，7 脚 GND 接地，结合指示灯亮灭情况测试各芯片的逻辑功能，并结合测试结果判断其性能的好坏。

任务5.2　逻辑代数的化简

5.2.1　逻辑代数公式法化简

1. 逻辑代数公式法化简的常用公式

0—1定律：$0+A=A$　$1+A=1$　$1 \cdot A=A$　$0 \cdot A=0$

重叠律：$A+A=A$　　$A \cdot A=A$

互补律：$A \cdot \overline{A}=0$，$A+\overline{A}=1$

交换律：$A+B=B+A$，$AB=BA$

结合律：$A+(B+C)=(A+B)+C$，$(AB)C=A(BC)$

分配律：$A(B+C)=AB+AC$，$A+BC=(A+B)(A+C)$

反演律：$\overline{A+B}=\overline{A} \cdot \overline{B}$，$\overline{AB}=\overline{A}+\overline{B}$

吸收律：$AB+A\overline{B}=A$，$A+AB=A$，$A+\overline{A}B=A+B$

2. 逻辑代数公式法化简的基本规则

（1）代入规则：任何一个含有变量 A 的等式，如果将所有出现 A 的位置都用同一个逻辑函数代替，则等式仍然成立。

例 5-1　已知等式 $\overline{AB}=\overline{A}+\overline{B}$，用函数 $Y=AC$ 代替等式中的 A，根据代入规则，等式仍然成立，即有：$\overline{(AC)B}=\overline{AC}+\overline{B}=\overline{A}+\overline{B}+\overline{C}$

（2）反演规则：对于任何一个逻辑表达式 Y，如果将表达式中的所有 "·" 换成 "+" "+" 换成 "·" "0" 换成 "1" "1" 换成 "0"，原变量换成反变量，反变量换成原变量，那么所得到的表达式就是函数 Y 的反函数 $\overline{Y}$（或称补函数）。

例 5-2　$Y=A\overline{B}+C\overline{D}E \Leftrightarrow \overline{Y}=(\overline{A}+B)(\overline{C}+D+\overline{E})$

（3）对偶规则：对于任何一个逻辑表达式 Y，如果将表达式中的所有 "·" 换成 "+" "+" 换成 "·" "0" 换成 "1" "1" 换成 "0"，而变量保持不变，则可得到的一个新的函数表达式 Y'，Y' 称为函数 Y 的对偶函数。

例 5-3　$Y=A\overline{B}+C\overline{D}E \Leftrightarrow Y'=(A+\overline{B})(C+\overline{D}+E)$

对偶规则的意义在于：如果两个函数相等，则它们的对偶函数也相等。利用对偶规则，可以使要证明及要记忆的公式数目减少一半。

注意：在运用反演规则和对偶规则时，必须按照逻辑运算的优先顺序进行：先算括号，接着与运算，然后或运算，最后非运算，否则容易出错。

3. 逻辑代数公式法化简的基本方法

(1) 并项法：运用 $A+\overline{A}=1$ 将两项合并为一项，并消去一个变量。

例：$Y=A\overline{B}C+A\overline{B}\,\overline{C}=A\overline{B}$

$Y=A(BC+\overline{B}\,\overline{C})+A(B\overline{C}+\overline{B}C)=A\,\overline{B\oplus C}+A(B\oplus C)=A$

(2) 消去法：运用吸收律 $A+\overline{A}B=A+B$ 消去多余因子。

配项法：通过乘上 $A+\overline{A}=1$ 或加上 $A\cdot\overline{A}=0$ 项 进行配项，然后再化简。

5.2.2 逻辑代数的卡诺图法化简

逻辑函数的图形化简法是将逻辑函数用卡诺图来表示，利用卡诺图来化简逻辑函数。

1. 逻辑函数的最小项及其性质

(1) 最小项：如果一个函数的某个乘积项包含了函数的全部变量，其中每个变量都以原变量或反变量的形式出现，且仅出现一次，则这个乘积项称为该函数的一个标准积项，通常称为最小项。3 个变量 A、B、C 可组成 8 个最小项。

$$\overline{A}\,\overline{B}\,\overline{C}、\overline{A}\,B\overline{C}、\overline{A}BC、\overline{A}B\overline{C}、A\overline{B}\,\overline{C}、A\overline{B}C、AB\overline{C}、ABC$$

(2) 最小项的表示方法：通常用符号 m_i 来表示最小项。下标 i 的确定：把最小项中的原变量记为 1，反变量记为 0，当变量顺序确定后，可以按顺序排列成一个二进制数，则与这个二进制数相对应的十进制数，就是这个最小项的下标 i。3 个变量 A、B、C 的 8 个最小项可以分别有如下表示。

$$m_0=\overline{A}\,\overline{B}\,\overline{C}、m_1=\overline{A}\,\overline{B}C、m_2=\overline{A}B\overline{C}、m_3=\overline{A}BC$$
$$m_4=A\overline{B}\,\overline{C}、m_5=A\overline{B}C、m_6=AB\overline{C}、m_7=ABC$$

(3) 最小项的性质。

① 任意一个最小项，只有一组变量取值使其值为 1。

② 任意两个不同的最小项的乘积必为 0。

③ 全部最小项的和必为 1。

2. 逻辑函数的最小项表达式

任何一个逻辑函数都可以表示成唯一的一组最小项之和，称为标准与或表达式，也称为最小项表达式。对于不是最小项表达式的与或表达式，可利用公式 $A+\overline{A}=1$ 和 $A(B+C)=AB+BC$ 来配项展开成最小项表达式。例：

$$Y = \overline{A} + BC = \overline{A}(B+\overline{B})(C+\overline{C}) + (A+\overline{A})BC$$
$$= \overline{A}BC + \overline{A}B\overline{C} + \overline{A}\,\overline{B}C + \overline{A}\,\overline{B}\,\overline{C} + ABC + \overline{A}BC$$
$$= \overline{A}\,\overline{B}\,\overline{C} + \overline{A}\,\overline{B}C + \overline{A}B\overline{C} + \overline{A}BC + ABC$$
$$= m_0 + m_1 + m_2 + m_3 + m_7 = \sum m(0,\ 1,\ 2,\ 3,\ 7)$$

如果列出了函数的真值表(表5-5)，则只要将函数值为1的那些最小项相加，便是函数的最小项表达式。将真值表中函数值为0的那些最小项相加，便可得到反函数的最小项表达式。例：

$$Y = m_1 + m_2 + m_3 + m_5 = \sum m(1,\ 2,\ 3,\ 5) = \overline{A}\,\overline{B}C + \overline{A}B\overline{C} + A\overline{B}\,\overline{C} + A\overline{B}C$$

表5-5　真值表

A	B	C	Y	最小项
0	0	0	0	m_0
0	0	1	1	m_1
0	1	0	1	m_2
0	1	1	1	m_3
1	0	0	0	m_4
1	0	1	1	m_5
1	1	0	0	m_6
1	1	1	0	m_7

3. 卡诺图的构成

将逻辑函数真值表中的最小项重新排列成矩阵形式，并且使矩阵的横方向和纵方向的逻辑变量的取值按照格雷码(见表5-6)的顺序排列，这样构成的图形就是卡诺图。

表5-6　格雷码

十进制数	格　雷　码
0	0000
1	0001
2	0011
3	0010
4	0110
5	0111
6	0101
7	0100
8	1100
9	1101

二、三或四变量的卡诺图如图 5.5 所示。

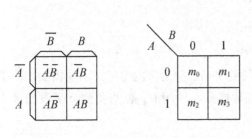

(a) 二变量卡诺图

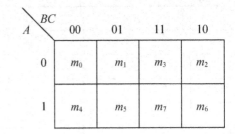

(b) 四变量卡诺图

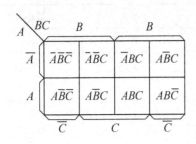

(c) 三变量卡诺图

图 5.5 卡诺图

4. 逻辑函数在卡诺图中的表示

(1) 逻辑函数以真值表形式给出：在卡诺图上根据真值表在相应变量取值组合的每一小方格中，函数值为 1 的填上 "1"，为 0 的填上 "0"。

例 5-4 已知逻辑函数 Y 的真值表（表 5-7），画出 Y 的卡诺图。

表 5-7 逻辑函数 Y 的真值表

A	B	C	Y
0	0	0	0
0	0	1	1
0	1	0	1
0	1	1	1
1	0	0	0
1	0	1	0
1	1	0	0
1	1	1	1

真值表对应的卡诺图如图 5.6 所示。

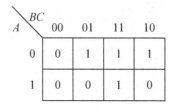

A\BC	00	01	11	10
0	0	1	1	1
1	0	0	1	0

图 5.6　例 5-4 卡诺图

（2）逻辑函数以最小项表达式给出：在卡诺图上那些与给定逻辑函数的最小项相对应的方格内填入 1，其余的方格内填入 0。

例 5-5　试画出函数 $Y(A, B, C, D) = \sum m(0, 1, 3, 5, 6, 8, 10, 11, 15)$ 的卡诺图。

解：先画出四变量卡诺图，然后在对应于 m_0、m_1、m_3、m_5、m_6、m_8、m_{10}、m_{11}、m_{15} 的小方格中填入 "1"，其他的小方格填入 "0"，如图 5.7 所示。

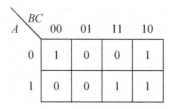

AB\CD	00	01	11	10
00	1	1	1	0
01	0	1	0	1
11	0	0	0	0
10	1	0	0	1

图 5.7　例 5-5 卡诺图

（3）逻辑函数以一般的逻辑表达式给出：先将函数变换为与或表达式（不必变换为最小项之和的形式），然后在卡诺图上与每一个乘积项所包含的那些最小项（该乘积项就是这些最小项的公因子）相对应的方格内填入 1，其余的方格内填入 0。

例 5-6　$Y(A, B, C) = AB + B\overline{C} + \overline{A}\,\overline{C}$ 的卡诺图如图 5.8 所示。

A\BC	00	01	11	10
0	1	0	0	1
1	0	0	1	1

图 5.8　例 5-6 卡诺图

5. 利用卡诺图化简逻辑函数

合并最小项的规律如图 5.9 所示：2 个（2^1）相邻小方格的最小项合并时，消去 1 个互反变量；4 个（2^2）相邻小方格的最小项合并时，消去 2 个互反变量；8 个（2^3）相邻小方格的最小项合并时，消去 3 个互反变量；$2n$ 个相邻小方格的最小项合并时，消去 n 个互反变量，n 为正整数。图 5.9 分别画出了相邻 2 个小方格的最小项、相邻 4 个小方格的最小项、相邻 8 个小方格的最小项合并的情况。

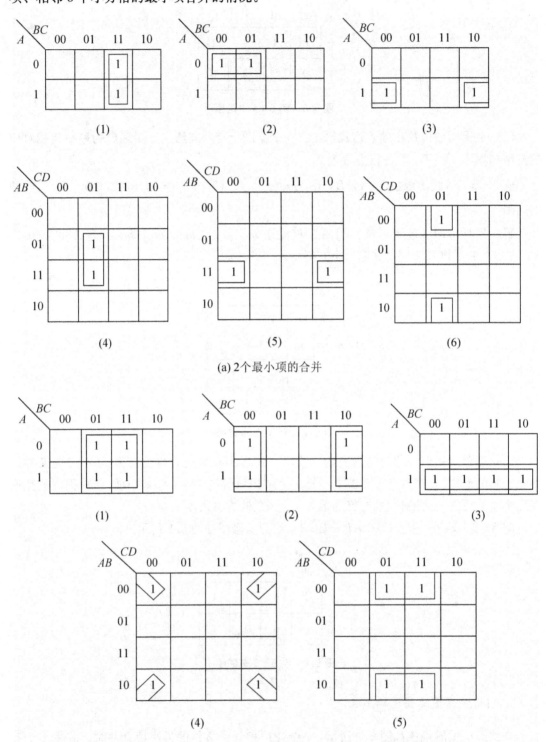

(1)　　　　　　　　　(2)　　　　　　　　　(3)

(4)　　　　　　　　　(5)　　　　　　　　　(6)

(a) 2 个最小项的合并

(1)　　　　　　　　　(2)　　　　　　　　　(3)

(4)　　　　　　　　　(5)

(b) 4 个最小项的合并

图 5.9　2、4、8 变量最小项的合并

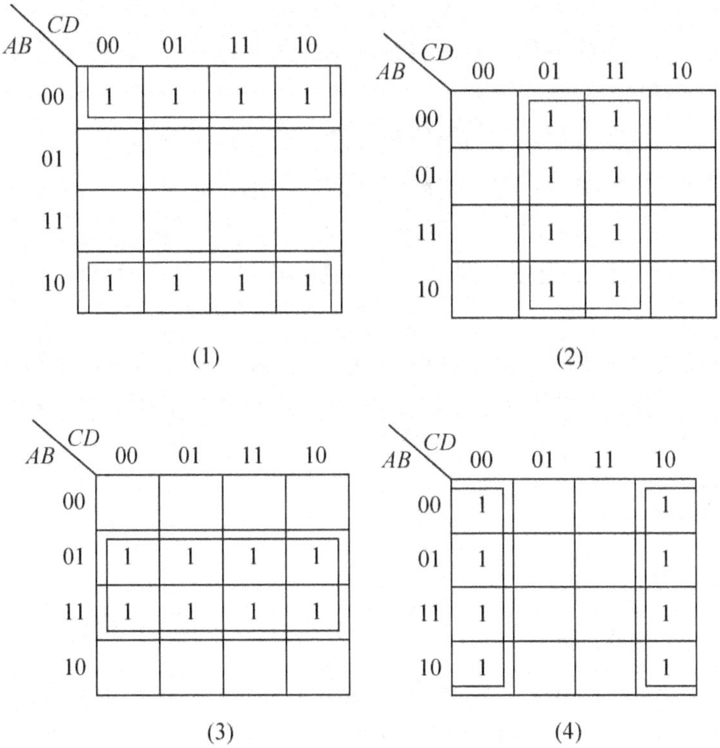

(c) 8个最小项的合并

图 5.9　2、4、8 变量最小项的合并(续)

例 5-7　化简 $Y(A, B, C, D)=\sum m(3, 4, 5, 7, 9, 13, 14, 15)$。

首先画出 Y 的卡诺图，如图 5.10 所示，然后合并最小项。

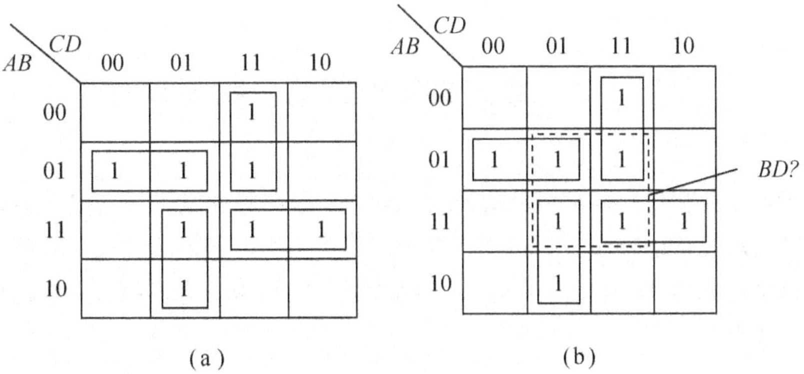

图 5.10　例 5-7 卡诺图

图 5.10(a)和图 5.10(b)是两种不同的圈法，图 5.10(a)是最简的；图 5.10(b)非最简，因为只注意对 1 画包围圈应尽可能大，但没注意复合圈的个数应尽可能少，实际上包含 4 个最小项的复合圈是多余的。最后写出最简与或式为 $Y(A, B, C, D)=\overline{A}B\overline{C}+A\overline{C}D+ABC+\overline{A}CD$。

从上述例题可知，利用卡诺图化简逻辑函数，对最小项画包围圈是比较重要的。圈的最小项越多，消去的变量就越多；圈的数量越少，化简后所得到的乘积项就越少。综上所述，复合最小项应遵循的原则如下。

（1）按合并最小项的规律，对函数所有的最小项画包围圈。

（2）包围圈的个数要最少，使得函数化简后的乘积项最少。

（3）一般情况下，应使每个包围圈尽可能大，则每个乘积项中变量的个数最少。

（4）最小项可以被重复使用，但每一个包围圈至少要有一个新的最小项（尚未被圈过）。

用卡诺图化简逻辑函数时，由于对最小项画包围圈的方式不同，得到的最简与或式也往往不同。卡诺图法化简逻辑函数的优点是简单、直观，容易掌握，但不适用于五变量以上逻辑函数的化简。

动手做做看

1. 用公式法化简如下逻辑函数。

$$Y=ABC+\overline{A}BC+B\overline{C}；Y=ABC+A\overline{B}+A\overline{C}；Y=\overline{AB}+\overline{A}BCD(E+F)$$

$$Y=A+\overline{B}+\overline{CD}+\overline{\overline{ADB}}；Y=AB+\overline{A}C+\overline{B}C；Y=A\overline{B}+C+\overline{A}\ CD+B\overline{C}D$$

$$Y=A\overline{B}+B\overline{C}+B\overline{C}+\overline{A}B；Y=ABC+AB\overline{C}+A\overline{B}C+\overline{A}BC$$

$$Y=A\overline{B}+AC+ADE+\overline{C}D；Y=AB+\overline{B}C+AC(DE+FG)$$

2. 用卡诺图法化简以下逻辑函数。

$$Y(A,B,C,D)=\sum m(1,2,5,6,7,9,13,15)$$

$$Y(A,B,C,D)=\sum m(2,5,6,8,10,12,13,15)$$

任务5.3　组合逻辑函数的分析与设计

组合逻辑电路是指任一时刻电路的输出仅取决于该时刻的输入而与电路原来的状态无关。描述电路逻辑功能的方法主要包括：真值表，卡诺图，逻辑表达式，时间图（波形图）等。常用的组合逻辑电路主要有：加法器、比较器、编码器、译码器、数据选择器和分配器、只读存储器等。

5.3.1　组合逻辑电路的功能分析

分析组合逻辑电路的功能一般采用以下步骤，如图5.11所示。

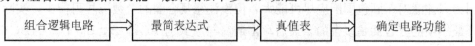

图 5.11　组合逻辑电路的分析步骤

例 5-8　试分析图 5.12 所示电路的逻辑功能，指出该电路的用途。

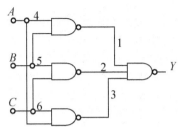

图 5.12　逻辑电路

解：$Y=\overline{(\overline{(AB)}\cdot\overline{(BC)}\cdot\overline{(CA)})}=AB+BC+CA$

真值表见表 5-8。

表 5-8　真值表

A	B	C	Y
0	0	0	0
0	0	1	0
0	1	0	0
0	1	1	1
1	0	0	0
1	0	1	1
1	1	0	1
1	1	1	1

分析电路功能：当输入 A、B、C 中有 2 个或 3 个为 1 时，输出 Y 为 1，否则输出 Y 为 0。所以这个电路实际上是一种 3 人表决用的组合电路：只要有 2 票或 3 票同意，表决就通过。

5.3.2　组合逻辑电路的设计

组合逻辑电路的设计步骤是分析的逆过程，如图 5.13 所示。

图 5.13　组合逻辑电路设计步骤

例 5-9　设计三人表决电路(A、B、C)。每人一个按键，如果同意则按下，不同意则不按。结果用指示灯表示，多数同意时指示灯亮，否则不亮。用与非门实现。

解：(1) 指明逻辑符号取"0"、"1"的含义。3 个按键 A、B、C 按下时为"1"，不按时为"0"。输出量为 Y，多数赞成时是"1"，否则是"0"。

（2）列真值表，见表 5-9。

表 5-9　其值表

A	B	C	Y
0	0	0	0
0	0	1	0
0	1	0	0
0	1	1	1
1	0	0	0
1	0	1	1
1	1	0	1
1	1	1	1

（3）画卡诺图得最简表达式：$Y = AC + BC + AB$

（4）用与非门实现逻辑电路如图 5.14 所示。

逻辑表达式：$L = \overline{\overline{(AB + AC + BC)}} = \overline{(\overline{AB}) \cdot (\overline{AC}) \cdot (\overline{BC})}$

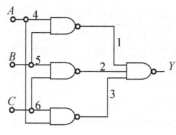

图 5.14　电路图

动手做做看

1. 分析图 5.15 所示逻辑电路的逻辑功能。

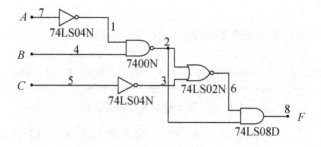

图 5.15　逻辑电路

（1）根据电路图写出最简表达式：

$F_1 = \overline{A}$，$F_2 = \overline{F_1 B} = \overline{\overline{A}B} = A + \overline{B}$，$F_3 = \overline{C}$，$F_4 = \overline{F_2 + F_3} = \overline{A + \overline{B} + \overline{C}} = \overline{A} BC$，$F =$

$F_4 F_2 = \overline{A}BC(A+\overline{B}) = 0$

（2）由最简表达式列出真值表，见表 5-10。

表 5-10　真值表

A	B	C	F
0	0	0	0
0	0	1	0
0	1	0	0
0	1	1	0
1	0	0	0
1	0	1	0
1	1	0	0
1	1	1	0

（3）由真值表确定电路功能：复位功能。

注：本例较特殊，省略步骤（2）从步骤（1）的表达式也能直接判断出电路功能。

2. 某车间用黄色故障指示灯来显示车间内 3 台设备的工作情况，只要有 1 台设备发生故障即启亮黄色故障指示灯，用逻辑门芯片实现满足上述功能的故障指示电路。

（1）列真值表：用 A、B、C 分别表示车间的 3 台设备，设备正常用 0 表示，设备故障用 1 表示，Y 表示指示灯亮灭情况，灯灭用 0 表示，灯亮用 1 表示，见表 5-11。

表 5-11　指示灯亮灭情况

A	B	C	Y
0	0	0	0
0	0	1	1
0	1	0	1
0	1	1	1
1	0	0	1
1	0	1	1
1	1	0	1
1	1	1	1

（2）由真值表写出逻辑表达式并化简。

$$Y = \overline{\overline{A}\ \overline{B}\ \overline{C}}$$

（3）由最简表达式画出电路图 5.16。

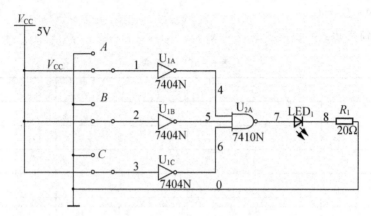

图 5.16 故障指示灯电路图

任务 5.4 数制与编码

编码器的概念：在数字电路中用二进制代码表示有关的信号称为二进制编码。实现编码操作的电路就是编码器。编码器可分为：二进制编码器、二-十进制编码器、优先编码器。

5.4.1 数制

1. 十进制数

数码为：0～9；基数是 10。

运算规律：逢十进一，即：9+1=10。

十进制数的权展开式：任意一个十进制数都可以表示为各个数位上的数码与其对应权的乘积之和，称权展开式。如：

$(6666)_{10}=6\times10^3+6\times10^2+6\times10^1+6\times10^0$，其中，$10^3$、$10^2$、$10^1$、$10^0$ 称为十进制的权，各数位的权是 10 的幂。

2. 二进制数

数码为：0、1；基数是 2。

运算规律：逢二进一，即：1+1=10。

二进制数的权展开式：各数位的权是 2 的幂。。如：$(111.11)_2=1\times2^2+1\times2^1+1\times2^0+1\times2^{-1}+1\times2^{-2}=(7.75)_{10}$

运算规则：加法规则：0+0=0，0+1=1，1+0=1，1+1=10；

乘法规则：$0\cdot0=0$，$0\cdot1=0$，$1\cdot0=0$，$1\cdot1=1$

3. 八进制数

数码为：0～7；基数是8。

运算规律：逢八进一，即：7+1=10。

八进制数的权展开式：各数位的权是8的幂。如：$(710.01)_8 = 7 \times 8^2 + 1 \times 8^1 + 0 \times 8^0 + 0 \times 8^{-1} + 1 \times 8^{-2} = (456.0625)_{10}$

4. 十六进制数

数码为：0～9、A～F；基数是16。

运算规律：逢十六进一，即：F+1=10。

十六进制数的权展开式：各数位的权是16的幂。如：$(D8.A)_{16} = 13 \times 16^1 + 8 \times 16^0 + 10 \times 16^1 = (216.625)_{10}$

5. 十进制转换为二进制

将整数部分和小数部分分别进行转换。整数部分基数连续除以2直至商为0然后反向取余，小数部分基数连乘2直至余数为零然后正向取整，转换后再合并。如$(6.375)_2$转换为十进制数。

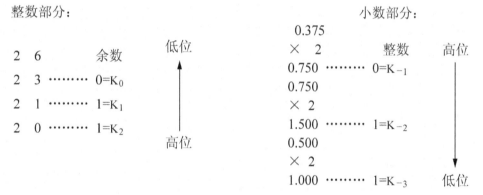

所以：$(6.375)_{10} = (110.011)_2$

6. 不同进制之间的转换

二进制数转换为八进制数：将二进制数由小数点开始，整数部分向左，小数部分向右，每3位分成一组，不够3位补零，则每组二进制数便是一位八进制数。如：

$$(001\ 110\ 111.101)2 = (167.5)_8$$

八进制数转换为二进制数：将每位八进制数用3位二进制数表示。如：

$$(374.26)8 = (011\quad 111\quad 100.\quad 010\quad 110)_2$$

二进制数与十六进制数的相互转换：二进制数与十六进制数的相互转换，按照每4位二进制数对应于一位十六进制数进行转换。如：

$$(0111\ 0111.1010)_2 = (77.A)_{16}$$

$$(AF4.76)_{16} = (1010\quad 1111\quad 0100.0111\quad 0110)_2$$

电子电路分析与调试

5.4.2 编码

用一定位数的二进制数来表示十进制数码、字母、符号等信息称为编码。表示十进制数码、字母、符号等信息的一定位数的二进制数称为代码。

二-十进制代码：用 4 位二进制数 $b_3 b_2 b_1 b_0$ 来表示十进制数中的 0～9 十个数码。简称 BCD 码。各位的权值依次为 8、4、2、1 的 BCD 码，称 8421 BCD 码。权值依次为 2、4、2、1 的 BCD 码称为 2421 码；余 3 码由 8421 码加 0011 得到；格雷码是一种循环码，其特点是任何相邻的两个码字，仅有一位代码不同，其他位相同。表 5 - 12 为常用 BCD 码。

表 5 - 12 常用 BCD 码

十进制数	8421 码	余 3 码	格雷码	2421 码	5421 码
0	0000	0011	0000	0000	0000
1	0001	0100	0001	0001	0001
2	0010	0101	0011	0010	0010
3	0011	0110	0010	0011	0011
4	0100	0111	0110	0100	0100
5	0101	1000	0111	1011	1000
6	0110	1001	0101	1100	1001
7	0111	1010	0100	1101	1010
8	1000	1011	1100	1110	1011
9	1001	1100	1101	1111	1100
权	8421			2421	5421

动手做做看

1. 给出二、八、十、十六进制数的权展开式，并分别将二进制数 $(11011.0101)_2$，八进制数 $(22170101.10102541)_8$，十六进制数 $(2CD5.97F)_{16}$ 转换成十进制数。

2. 说明各进制之间相互转换的方法，并分别将二进制数 $(10101)_2$ 转换成十进制数；将十六进制数 $(3BE5.97D)_{16}$ 转换成二进制数；将二进制数 $(11100101.11101011)_2$ 转换成八进制数；将二进制数 $(11100101.11101011)_2$ 转换成十六进制数。

任务 5.5 编码器的分析与测试

用二进制代码表示文字、符号或者数码等特定对象的过程，称为编码。实现编码的逻辑电路，称为编码器。编码器又分为普通编码器和优先编码器两类。

152

1. 普通编码器

任何时刻只允许输入一个有效编码请求信号，否则输出将发生混乱。如：

普通三位二进制编码器：输入：$I_0 \sim I_7$ 8个高电平信号，输出：3位二进制代码 $Y_2 Y_1 Y_0$。

故也称为8-3线普通编码器。特点：输入 $I_0 \sim I_7$ 当中只允许一个输入变量有效，即取值为1(高电平有效)。普通三位二进制编码器方框图如图5.17所示。

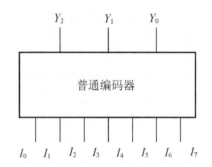

图5.17　普通三位二进制编码器方框图

设1表示对该输入进行编码，3位二进制编码器的真值表见表5-13。

表5-13　3位二进制编码器的真值表

I_0	I_1	I_2	I_3	I_4	I_5	I_6	I_7	Y_2	Y_1	Y_0
1	0	0	0	0	0	0	0	0	0	0
0	1	0	0	0	0	0	0	0	0	1
0	0	1	0	0	0	0	0	0	1	0
0	0	0	1	0	0	0	0	0	1	1
0	0	0	0	1	0	0	0	1	0	0
0	0	0	0	0	1	0	0	1	0	1
0	0	0	0	0	0	1	0	1	1	0
0	0	0	0	0	0	0	1	1	1	1

逻辑表达式为

$$Y_2 = I_4 + I_5 + I_6 + I_7 = \overline{\overline{I_4}\ \overline{I_5}\ \overline{I_6}\ \overline{I_7}}$$

$$Y_1 = I_2 + I_3 + I_6 + I_7 = \overline{\overline{I_2}\ \overline{I_3}\ \overline{I_6}\ \overline{I_7}}$$

$$Y_0 = I_1 + I_3 + I_5 + I_7 = \overline{\overline{I_1}\ \overline{I_3}\ \overline{I_5}\ \overline{I_7}}$$

逻辑电路图如图5.18所示。

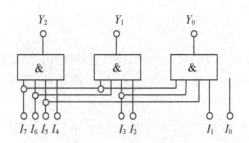

图 5.18　逻辑电路图

2. 三位二进制优先编码器

在优先编码器中，允许同时输入两个以上的有效编码请求信号。当几个输入信号同时出现时，只对其中优先权最高的一个进行编码。优先级别的高低由设计者根据输入信号的轻重缓急情况而定。如：集成三位二进制优先编码器 74LS148，I_7 的优先级别最高，I_6 次之，依此类推，I_0 最低。74LS148 引脚排列图和真值表（功能表）如图 5.19 所示。

图 5.19　74LS148 引脚排列图

表 5-14　74LS148 的功能表

| 输　　　入 | | | | | | | | 输　　出 | | | | |
$\overline{ST}$	$\overline{I_7}$	$\overline{I_6}$	$\overline{I_5}$	$\overline{I_4}$	$\overline{I_3}$	$\overline{I_2}$	$\overline{I_1}$	$\overline{I_0}$	$\overline{Y_2}$	$\overline{Y_1}$	$\overline{Y_0}$	$\overline{Y_{EX}}$	$\overline{Y_S}$
0	×	×	×	×	×	×	×	×	1	1	1	1	1
0	1	1	1	1	1	1	1	1	1	1	1	1	0
0	0	×	×	×	×	×	×	×	0	0	0	0	1
0	1	0	×	×	×	×	×	×	0	0	1	0	1
0	1	1	0	×	×	×	×	×	0	1	0	0	1
0	1	1	1	0	×	×	×	×	0	1	1	0	1
0	1	1	1	1	0	×	×	×	1	0	0	0	1
0	1	1	1	1	1	0	×	×	1	0	1	0	1
0	1	1	1	1	1	1	0	×	1	1	0	0	1
0	1	1	1	1	1	1	1	0	1	1	1	0	1

74LS148 的逻辑功能描述：

（1）编码输入端：逻辑符号输入端上面均有"—"号，这表示编码输入低电平有效。

（2）编码输出端：从功能表可以看出，74LS148 编码器的编码输出是反码。

（3）选通输入端：只有在 $\overline{ST}=0$ 时，编码器才处于工作状态；而在 $\overline{ST}=1$ 时，编码器处于禁止状态，所有输出端均被封锁为高电平。

（4）$\overline{Y_S}$ 为使能输出端，通常接至低位芯片的端。$\overline{Y_S}$ 和 $\overline{ST}$ 配合可以实现多级编码器之间的优先级别的控制，$\overline{Y_S}=0$ 表示编码，但无有效编码请求。$\overline{Y_{EX}}$ 为扩展输出端，是控制标志，$\overline{Y_{EX}}=0$ 表示有效的编码输出；$\overline{Y_{EX}}=1$ 表示电路虽处于工作状态，但没有输入编码信号。

3. 10－4 线 BCD 码优先编码器 74LS147

输入 10 个互斥的数码，输出 4 位二进制代码，把 $\overline{I_0}\sim\overline{I_9}$ 的 10 个状态分别编码成 10 个 BCD 码。其中 $\overline{I_9}$ 的优先权最高，$\overline{I_0}$ 的优先权最低。输入逻辑 0（低电平）有效，反码输出。其引脚排列图如图 5.20 所示，逻辑功能表见表 5－15。

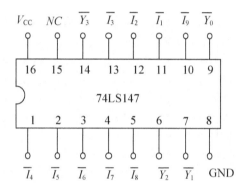

图 5.20　74LS147 引脚排列图

表 5－15　74LS147 的功能表

输　　入										输　　出			
$\overline{I_0}$	$\overline{I_1}$	$\overline{I_2}$	$\overline{I_3}$	$\overline{I_4}$	$\overline{I_5}$	$\overline{I_6}$	$\overline{I_7}$	$\overline{I_8}$	$\overline{I_9}$	$\overline{Y_3}$	$\overline{Y_2}$	$\overline{Y_1}$	$\overline{Y_0}$
×	×	×	×	×	×	×	×	×	0	1	1	0	
×	×	×	×	×	×	×	×	0	1	0	1	1	1
×	×	×	×	×	×	×	0	1	1	1	0	0	0
×	×	×	×	×	×	0	1	1	1	1	0	0	1
×	×	×	×	×	0	1	1	1	1	1	0	1	0
×	×	×	×	0	1	1	1	1	1	1	0	1	1
×	×	×	0	1	1	1	1	1	1	1	1	0	0
×	×	0	1	1	1	1	1	1	1	1	1	0	1
×	0	1	1	1	1	1	1	1	1	1	1	1	0
0	1	1	1	1	1	1	1	1	1	1	1	1	1

电子电路分析与调试

 动手做做看

测试 8-3 线优先编码器 74LS148 和 10-4 线优先编码器 74LS147 的逻辑功能。

（1）在 Multisim 10 仿真软件搭建如图 5.21 所示，结合指示灯亮灭情况将测试结果填入表 5-16 中，并根据测试结果总结概括芯片 74LS148 的逻辑功能。

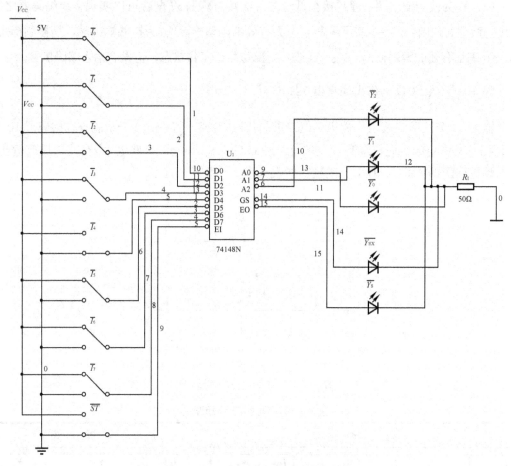

图 5.21 芯片 74LS148 逻辑功能的仿真测试

表 5-16 芯片 74LS148 逻辑功能

输　　入									输　　出				
$\overline{ST}$	$\overline{I_7}$	$\overline{I_6}$	$\overline{I_5}$	$\overline{I_4}$	$\overline{I_3}$	$\overline{I_2}$	$\overline{I_1}$	$\overline{I_0}$	$\overline{Y_2}$	$\overline{Y_1}$	$\overline{Y_0}$	$\overline{Y_{EX}}$	$\overline{Y_S}$
1	×	×	×	×	×	×	×	×					
0	1	1	1	1	1	1	1	1					
0	0	×	×	×	×	×	×	×					
0	1	0	×	×	×	×	×	×					
0	1	1	0	×	×	×	×	×					

156

输　　入									输　　出				
$\overline{ST}$	$\overline{I_7}$	$\overline{I_6}$	$\overline{I_5}$	$\overline{I_4}$	$\overline{I_3}$	$\overline{I_2}$	$\overline{I_1}$	$\overline{I_0}$	$\overline{Y_2}$	$\overline{Y_1}$	$\overline{Y_0}$	$\overline{Y_{EX}}$	$\overline{Y_S}$
0	1	1	1	0	×	×	×	×					
0	1	1	1	1	0	×	×	×					
0	1	1	1	1	1	0	×	×					
0	1	1	1	1	1	1	0	×					
0	1	1	1	1	1	1	1	0					

根据以上测试结果用语言归纳描述芯片 74LS148 的逻辑功能：_____

(2) 在 Multisim 10 仿真软件搭建如图 5.22 所示，结合指示灯亮灭情况将测试结果填入表 5-17 中，并根据测试结果总结概括芯片 74LS147 的逻辑功能。

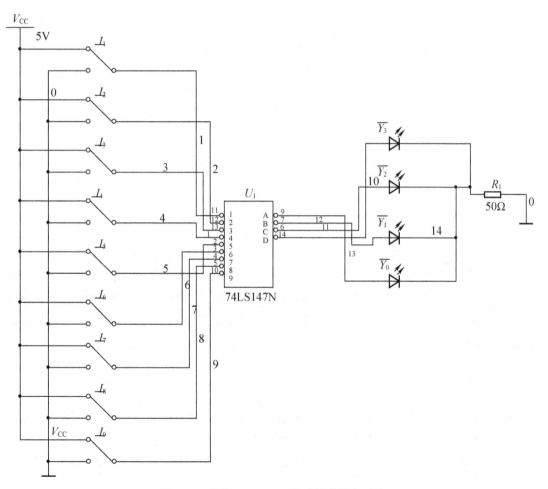

图 5.22　芯片 74LS148 逻辑功能的仿真测试

表 5-17　芯片 74LS147 逻辑功能表

输　　入										输　　出			
$\overline{I_9}$	$\overline{I_8}$	$\overline{I_7}$	$\overline{I_6}$	$\overline{I_5}$	$\overline{I_4}$	$\overline{I_3}$	$\overline{I_2}$	$\overline{I_1}$	$\overline{I_0}$	$\overline{Y_3}$	$\overline{Y_2}$	$\overline{Y_1}$	$\overline{Y_0}$
1	1	1	1	1	1	1	1	1	1				
0	×	×	×	×	×	×	×	×	×				
1	0	×	×	×	×	×	×	×	×				
1	1	0	×	×	×	×	×	×	×				
1	1	1	0	×	×	×	×	×	×				
1	1	1	1	0	×	×	×	×	×				
1	1	1	1	1	0	×	×	×	×				
1	1	1	1	1	1	0	×	×	×				
1	1	1	1	1	1	1	0	×	×				
1	1	1	1	1	1	1	1	0	×				
1	1	1	1	1	1	1	1	1	0				

根据以上测试结果用语言归纳描述芯片 74LS148 的逻辑功能：_____

_____

(3) 根据仿真测试的接线图，在数字实验箱上分别将集成芯片 74LS148、74LS147 插入对应 16 脚的芯片插座，并在 16 脚插座的第 8 脚接上实验箱的地(GND)，第 16 脚接上电源(V_{CC})，8 个输入端接和使能端接拨位开关(逻辑电平输出)，输出端接发光二极管进行显示(逻辑电平显示)。结合指示灯亮灭情况进一步测试各芯片的逻辑功能。

任务 5.6　译码器逻辑功能的测试

将具有特定含义的二进制代码变换(翻译)成一定的输出信号，以表示二进制代码的原意，这一过程称为译码。译码是编码的逆过程，即将某个二进制代码翻译成电路的某种状态。实现译码功能的组合电路称为译码器。常用的译码器有二进制译码器、二-十进制译码器、显示译码器 3 类。

5.6.1　二进制译码器

输入 n 位二进制代码，输出 $2n$ 个不同的组合状态，如 2 线-4 线译码器 74LS139、3 线-8 线译码器 74LS138 和 4 线-16 线译码器 74LS154。

现以 3 线-8 线译码器 74LS138 为例进行分析，图 5.23 所示为其引脚排列，逻辑功能表见表 5-18。

其中 A_2、A_1、A_0 为地址输入端，$\overline{Y_0} \sim \overline{Y_7}$ 为译码输出端，S_1、$\overline{S_2}$、$\overline{S_3}$ 为使能端。

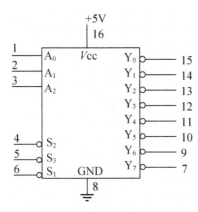

图 5.23　74LS138 引脚排列图

表 5-18　74LS138 功能表

输　入					输　　出							
S_1	$\overline{S_2}+\overline{S_3}$	A_2	A_1	A_0	$\overline{Y_0}$	$\overline{Y_1}$	$\overline{Y_2}$	$\overline{Y_3}$	$\overline{Y_4}$	$\overline{Y_5}$	$\overline{Y_6}$	$\overline{Y_7}$
1	0	0	0	0	0	1	1	1	1	1	1	1
1	0	0	0	1	1	0	1	1	1	1	1	1
1	0	0	1	0	1	1	0	1	1	1	1	1
1	0	0	1	1	1	1	1	0	1	1	1	1
1	0	1	0	0	1	1	1	1	0	1	1	1
1	0	1	0	1	1	1	1	1	1	0	1	1
1	0	1	1	0	1	1	1	1	1	1	0	1
1	0	1	1	1	1	1	1	1	1	1	1	0
0	×	×	×	×	1	1	1	1	1	1	1	1
×	1	×	×	×	1	1	1	1	1	1	1	1

当 $S_1=1$，$\overline{S_2}+\overline{S_3}=0$ 时，译码器处于工作状态，地址码所指定的输出端有信号(为 0)输出，其他所有输出端均无信号(全为 1)输出。当 $S_1=0$，$\overline{S_2}+\overline{S_3}=X$ 时，或 $S_1=X$，$\overline{S_2}+\overline{S_3}=1$ 时，译码器被禁止，所有输出同时为 1。

5.6.2　二-十进制译码器

输入是十进制数的 4 位二进制编码(BCD 码)，分别用 A_3、A_2、A_1、A_0 表示；输出的是与 10 个十进制数字相对应的 10 个信号，用 $Y_9 \sim Y_0$ 表示。由于二-十进制译码器有 4 根输入线，10 根输出线，所以又称为 4-10 线译码器。如 BCD 码译码器 74LS42 (图 5.24)。

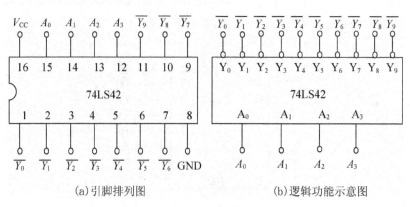

(a)引脚排列图   (b)逻辑功能示意图

图 5.24   BCD 码译码器 74LS42

5.6.3   显示译码器

用来驱动各种显示器件，从而将用二进制代码表示的数字、文字、符号翻译成人们习惯的形式直观地显示出来的电路，称为显示译码器。

1. 七段发光二极管(LED)数码管

LED 数码管是目前最常用的数字显示器，图 5.25(a)和图 5.25(b)为共阴管和共阳管的电路，图 5.25(c)为两种不同出线形式的引出脚功能图。

一个 LED 数码管可用来显示一位 0～9 十进制数和一个小数点。小型数码管(0.5 寸和0.36 寸)每段发光二极管的正向压降，随显示光(通常为红、绿、黄、橙色)的颜色不同略有差别，通常为 2～2.5V，每个发光二极管的点亮电流在 5～10mA。

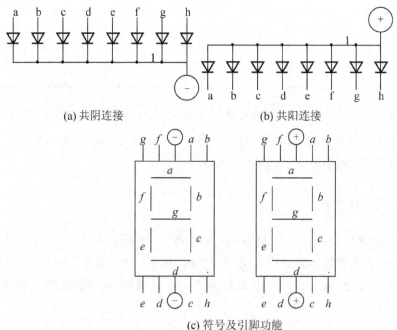

(a) 共阴连接   (b) 共阳连接

(c) 符号及引脚功能

图 5.25   七段发光二极管(LED)数码管

LC5011-11就是一种共阴极数码显示器。它的引脚排列如图5.26所示。

2. BCD码七段显示译码器

LED数码管要显示BCD码所表示的十进制数字就需要有一个专门的译码器,该译码器不但要完成译码功能,还要有相当的驱动能力。此类译码器型号有74LS47(共阳),74LS48(共阴),CC4511(共阴)等。BCD码七段显示译码器驱动数码显示管过程如图5.27所示。

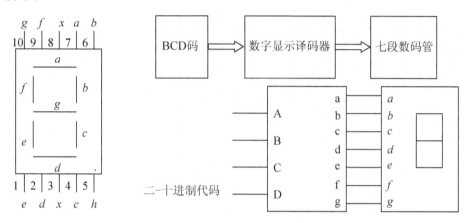

图5.26 LC5011-11的
引脚排列图

图5.27 BCD码七段显示译码器驱动数码显示管过程

1) 74LS48显示译码器

译码器的引脚排列如图5.28所示。

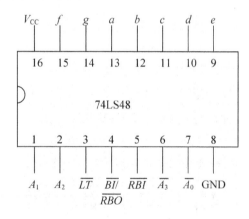

图5.28 74LS48显示译码器的引脚排列

其中,$A_3 \sim A_0$ 是8421BCD输入端,a、b、c、d、e、f、g是七段输出,$\overline{LT}$、$\overline{RBI}$、$\overline{BI}/\overline{RBO}$是附加控制端,用于扩展电路功能,其功能表见表5-19。

各辅助端的功能分别如下。

$\overline{LT}$是试灯输入端:低电平有效,当$\overline{LT}=0$时,数码管的七段应全亮,与输入译码信号无关,本输入端用于测试数码管的好坏。

表 5-19 74LS48 显示译码器的功能表

功能或十进制数	输入			输出	
	$\overline{LT}$ $\overline{RBI}$	A_3 A_2 A_1 A_0	$\overline{BI}/\overline{RBO}$	a b c d e f g	
$\overline{BI}/\overline{RBO}$(灭灯)	× ×	× × × ×	0(输入)	0 0 0 0 0 0 0	
$\overline{LT}$(试灯)	0 ×	× × × ×	1	1 1 1 1 1 1 1	
$\overline{RBI}$(动态灭零)	1 0	0 0 0 0	0	0 0 0 0 0 0 0	
0	1 1	0 0 0 0	1	1 1 1 1 1 1 0	
1	1 ×	0 0 0 1	1	0 1 1 0 0 0 0	
2	1 ×	0 0 1 0	1	1 1 0 1 1 0 1	
3	1 ×	0 0 1 1	1	1 1 1 1 0 0 1	
4	1 ×	0 1 0 0	1	0 1 1 0 0 1 1	
5	1 ×	0 1 0 1	1	1 0 1 1 0 1 1	
6	1 ×	0 1 1 0	1	0 0 1 1 1 1 1	
7	1 ×	0 1 1 1	1	1 1 1 0 0 0 0	
8	1 ×	1 0 0 0	1	1 1 1 1 1 1 1	
9	1 ×	1 0 0 1	1	1 1 1 0 0 1 1	
10	1 ×	1 0 1 0	1	0 0 0 1 1 0 1	
11	1 ×	1 0 1 1	1	0 0 1 1 0 0 1	
12	1 ×	1 1 0 0	1	0 1 0 0 0 1 1	
13	1 ×	1 1 0 1	1	1 0 0 1 0 1 1	
14	1 ×	1 1 1 0	1	0 0 0 1 1 1 1	
15	1 ×	1 1 1 1	1	0 0 0 0 0 0 0	

$\overline{RBI}$ 是动态灭零输入端：低电平有效，当 $\overline{LT}=1$，$\overline{RBI}=0$ 且译码输入全为 0 时，该位输出不显示，即 0 字被熄灭；当译码输入不全为 0 时，该位正常显示。本输入端用于消除无效的 0，如数据 0025.40 可显示为 25.4。

$\overline{BI}/\overline{RBO}$ 灭灯输入/动态灭零输出端：本端主要用于显示多位数字时，多个译码器之间的连接。当 $\overline{BI}/\overline{RBO}$ 作为输入使用，且 $\overline{BI}/\overline{RBO}=0$ 时，数码管七段全灭，与译码输入无关，当 $\overline{BI}/\overline{RBO}$ 作为输出使用时，受控于 $\overline{LT}$ 和 $\overline{RBI}$：当 $\overline{LT}=1$，$\overline{RBI}=0$ 时，$\overline{BI}/\overline{RBO}=0$，其他情况 $\overline{BI}/\overline{RBO}=1$。

例 5-10 $\overline{RBI}$ 和 $\overline{RBO}$ 配合实现多位显示系统的灭零控制，接线如图 5.29 所示。

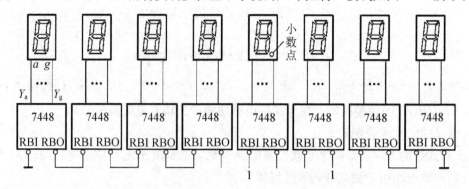

图 5.29 $\overline{RBI}$ 和 $\overline{RBO}$ 配合实现多位显示系统的灭零控制

2）CC4511 显示译码器

CC4511 显示译码器的引脚排列图如图 5.30 所示。

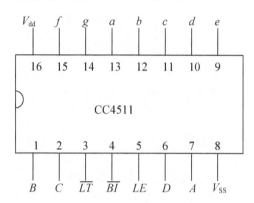

图 5.30　CC4511 显示译码器的引脚排列图

其中，A、B、C、D 是 BCD 码的输入端，a、b、c、d、e、f、g 是译码输出端，输出"1"有效，用来驱动共阴极 LED 数码管。$\overline{LT}$ 是测试输入端，$\overline{LT}=0$ 时译码输出全为"1"，这时数码管各段全部点亮，由此可检查数码显示器的好坏，未全部点亮则表示数码管损坏。$\overline{BI}$ 是消隐输入端，$\overline{BI}=0$ 时译码输出全为"0"。LE 是锁定端，$LE=1$ 时译码器处于锁定（保持）状态，译码输出保持在 $LE=0$ 时的数值，$LE=0$ 为正常译码。译码器还有拒伪码功能，当输入码超过 1001 时，输出全为"0"，数码管熄灭。CC4511 的功能表见表 5-20，显示 0～9 数字的接线图如图 5.31 所示。

表 5-20　CC4511 的功能表（部分）

输　　入							输　　出							
LE	$\overline{BI}$	$\overline{LT}$	D	C	B	A	a	b	c	d	e	f	g	显示
×	×	0	×	×	×	×	1	1	1	1	1	1	1	日
×	0	1	×	×	×	×	0	0	0	0	0	0	0	消隐
0	1	1	0	0	0	0	1	1	1	1	1	1	0	0
0	1	1	0	0	0	1	0	1	1	0	0	0	0	1
0	1	1	0	0	1	0	1	1	0	1	1	0	1	2
0	1	1	0	0	1	1	1	1	1	1	0	0	1	3
0	1	1	0	1	0	0	0	1	1	0	0	1	1	4
0	1	1	1	0	0	0	1	1	1	1	1	1	1	8
0	1	1	1	0	0	1	1	1	1	1	0	1	1	9
0	1	1	1	0	1	0	0	0	0	0	0	0	0	消隐
1	1	1	×	×	×	×	锁存							锁存

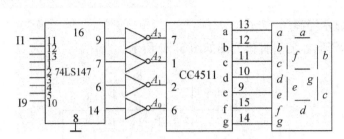

图 5.31　显示 0～9 数字的接线图

5.6.4　用译码器设计组合逻辑电路

用译码器 74LS138 设计一个多输出的组合逻辑电路方法的：先将逻辑函数式用最小项表达式表示，译码器的每个输出即代表一个最小项，然后根据逻辑表达式画出电路图。

例 5－11　用 74LS138 实现多输出逻辑函数

$$\begin{cases} Z_1=\overline{B}C+AB\overline{C}+\overline{A}BC \\ Z_2=A\overline{B}\ \overline{C}+\overline{A}C \\ Z_3=A\overline{B}C+AB+\overline{B}\ \overline{C} \end{cases}$$

解：先将逻辑函数用最小项表达式表示如下

$$\begin{cases} Z_1=\overline{B}C+AB\overline{C}+\overline{A}BC=\overline{A}\ \overline{B}C+A\overline{B}C+AB\overline{C}+\overline{A}BC \\ \quad =m_1+m_2+m_5+m_6=\overline{\overline{m_1}\cdot\overline{m_2}\cdot\overline{m_5}\cdot\overline{m_6}} \\ Z_2=A\overline{B}\ \overline{C}+\overline{A}C=A\overline{B}\ \overline{C}+\overline{A}BC+\overline{A}\ \overline{B}C \\ \quad =m_1+m_3+m_4=\overline{\overline{m_1}\cdot\overline{m_3}\cdot\overline{m_4}} \\ Z_3=A\overline{B}C+AB+\overline{A}\ \overline{B}\ \overline{C}=A\overline{B}C+ABC+AB\overline{C}+\overline{A}\ \overline{B}\ \overline{C} \\ \quad =m_0+m_5+m_6+m_7=\overline{\overline{m_0}\cdot\overline{m_5}\cdot\overline{m_6}\cdot\overline{m_7}} \end{cases}$$

设 $A_2=A$，$A_1=B$，$A_0=C$，译码器的每个输出即代表一个最小项，根据最小项表达式画出逻辑电路图如图 5.32 所示。

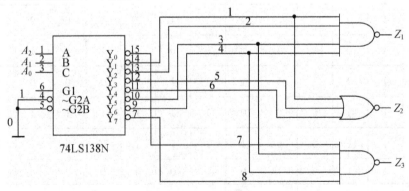

图 5.32　逻辑电路图

动手做做看

1. 测试通用译码器 74LS138 和二十译码器 74LS42 的逻辑功能。

（1）在 Multisim 10 仿真软件搭建如图 5.33 所示，结合指示灯亮灭情况将测试结果填入表 5-21 中，并根据测试结果总结概括芯片 74LS138 的逻辑功能。

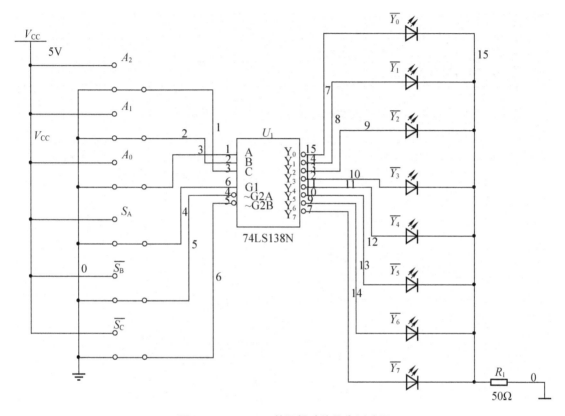

图 5.33　74LS138 的逻辑功能仿真测试图

表 5-21　芯片 74LS138 逻辑功能表

输　　入						输　　出							
S_A	$\overline{S_B}$	$\overline{S_C}$	A_2	A_1	A_0	$\overline{Y_0}$	$\overline{Y_1}$	$\overline{Y_2}$	$\overline{Y_3}$	$\overline{Y_4}$	$\overline{Y_5}$	$\overline{Y_6}$	$\overline{Y_7}$
0	×	×	×	×	×								
×	×	1	×	×	×								
×	1	×	×	×	×								
1	0	0	0	0	0								
1	0	0	0	0	1								
1	0	0	0	1	0								

续表

输 入						输 出							
S_A	$\overline{S_B}$	$\overline{S_C}$	A_2	A_1	A_0	$\overline{Y_0}$	$\overline{Y_1}$	$\overline{Y_2}$	$\overline{Y_3}$	$\overline{Y_4}$	$\overline{Y_5}$	$\overline{Y_6}$	$\overline{Y_7}$
1	0	0	0	1	1								
1	0	0	1	0	0								
1	0	0	1	0	1								
1	0	0	1	1	0								
1	0	0	1	1	1								

根据以上测试结果用语言归纳描述芯片 74LS138 的逻辑功能：＿＿＿＿＿＿＿＿＿＿

＿＿＿＿＿＿＿＿＿＿＿＿＿＿＿＿＿＿＿＿＿＿＿＿＿＿＿＿＿＿＿＿＿＿＿＿＿＿

（2）在 Multisim 10 仿真软件中搭建译码器 74LS42 芯片逻辑功能的仿真电路图，如图 5.34 所示。将仿真测试结果填入表 5 - 22 中，根据测试结果总结归纳芯片 74LS42 的逻辑功能。

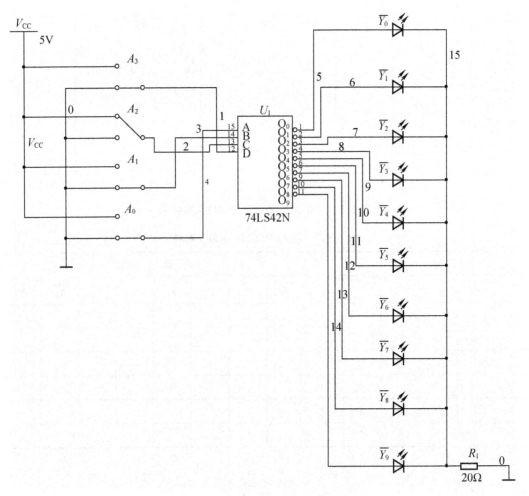

图 5.34　74LS42 逻辑功能仿真测试图

表 5 - 22　芯片 74LS42 逻辑功能表

十进制	输 入				输 出									
	A_3	A_2	A_1	A_0	$\overline{Y_0}$	$\overline{Y_1}$	$\overline{Y_2}$	$\overline{Y_3}$	$\overline{Y_4}$	$\overline{Y_5}$	$\overline{Y_6}$	$\overline{Y_7}$	$\overline{Y_8}$	$\overline{Y_9}$
0	0	0	0	0										
1	0	0	0	1										
2	0	0	1	0										
3	0	0	1	1										
4	0	1	0	0										
5	0	1	0	1										
6	0	1	1	0										
7	0	1	1	1										
8	1	0	0	0										
9	1	0	0	1										
	1	0	1	0										
	1	0	1	1										
	1	1	0	0										
	1	1	0	1										
	1	1	1	0										
	1	1	1	1										

根据以上测试结果用语言归纳描述芯片 74LS148 的逻辑功能：＿＿＿＿＿＿＿＿＿＿＿

＿＿＿＿＿＿＿＿＿＿＿＿＿＿＿＿＿＿＿＿＿＿＿＿＿＿＿＿＿＿＿＿＿＿＿＿＿＿

（3）在数字实验箱上，把芯片 74LS138、74LS42 分别插入 16PIN 对应插座中，并在
16PIN 插座的第 8 脚接上实验箱的地(GND)，第 16 脚接上电源(V_{CC})，地址输入端和使能
端接拨位开关（逻辑电平输出），输出端接发光二极管进行显示（逻辑电平显示）。结合指示
灯亮灭情况将测量结果进一步测试芯片 74LS138 的逻辑功能。

2. 某车间用黄色故障指示灯来显示车间内 3 台设备的工作情况，只要有一台设备发生
故障即启亮黄色故障指示灯，用 74LS138 译码器实现满足上述功能的故障指示电路。

步骤：

（1）列真值表（表 5 - 23）：用 A、B、C 分别表示车间的 3 台设备，设备正常用 0 表
示，设备故障用 1 表示，Y 表示指示灯亮灭情况，灯灭用 0 表示，灯亮用 1 表示。

表 5 - 23　指示灯亮灭情况

A	B	C	Y
0	0	0	0
0	0	1	1
0	1	0	1

续表

A	B	C	Y
0	1	1	1
1	0	0	1
1	0	1	1
1	1	0	1
1	1	1	1

（2）由真值表写出逻辑表达式并化简

$$Y = \overline{\overline{A}\ \overline{B}\ \overline{C}} = \overline{\overline{Y_0}}$$

（3）由最简表达式画出电路如图 5.35 所示。

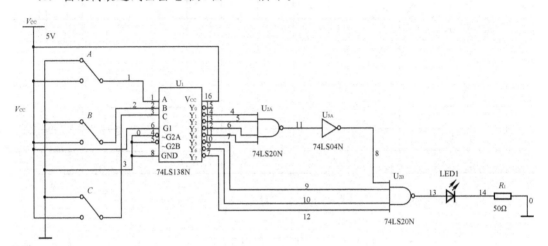

图 5.35　电路图

综合任务　数显抢答器的分析制作与调试

任务 5.1 至任务 5.6 完成了学习情境 5 所需单元电路知识的学习与技能训练，在本环节要求同学们根据以表 5-24～表 5-26 提供的资讯单、决策计划单、实施单完成四路数显抢答器的分析制作与调试。

表 5-24　四路数显抢答器的分析制作与调试资讯单

资讯单		
班级姓名学号	得分	
逻辑代数与逻辑门基础		
逻辑代数化简		

续表

资讯单			
班级姓名学号		得分	
组合逻辑电路分析与设计步骤			
数制与编码			
编码器的分析与应用			
译码器的应用设计			

表 5-25 四路数显抢答器的分析制作与调试决策计划单

决策计划单			
班级学号姓名		得分	
电路设计思路	基本设计思路如图 5.36 所示。 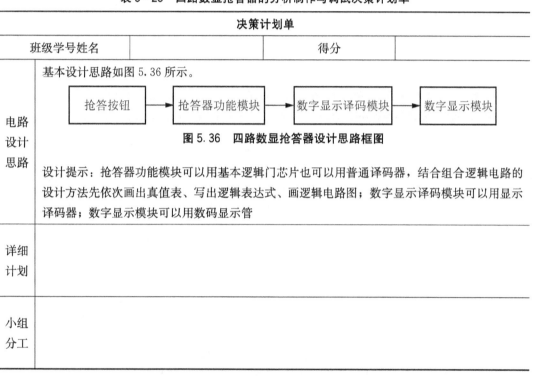 **图 5.36 四路数显抢答器设计思路框图** 设计提示：抢答器功能模块可以用基本逻辑门芯片也可以用普通译码器，结合组合逻辑电路的设计方法先依次画出真值表、写出逻辑表达式、画逻辑电路图；数字显示译码模块可以用显示译码器；数字显示模块可以用数码显示管		
详细计划			
小组分工			

表 5-26 四路数显抢答器的分析制作与调试实施单

实施单			
班级姓名学号		得分	
电路设计	1. 画真值表 用 X_1、X_2、X_3、X_4 分别表示 4 个抢答按钮，按下为 1，反之为 0，考虑用 74LS48 作为显示的驱动译码器，它将 4 个输入变量构成 16 个组合的前 10 个 0000~1001 组合转换成数码管显示 0~9 对应的信号代码，四路抢答开关的序号分别记成 1，2，3，4，因此需要用到 74LS48 的前 3 个变量。因此组合逻辑电路的可以用 3 个输出端(Y_2、Y_1、Y_0)构成，每个输出端对应 74LS48 的前 3 个输入变量(C、B、A)，因此真值表如下		

实施单			
班级姓名学号		得分	

输入				输出			显示数字
X_1	X_2	X_3	X_4	C	B	A	
0	1	0	0	0	1	0	2
0	0	1	0	0	1	1	3
0	0	0	1	1	0	0	4
其他 12 情况				0	0	0	

电路设计

2. 列出逻辑表达式

$$C = \overline{X_1}\ \overline{X_2}\ \overline{X_3} X_4$$

$$B = \overline{X_1} X_2\ \overline{X_3}\ \overline{X_4} + \overline{X_1}\ \overline{X_2} X_3\ \overline{X_4}$$

$$A = X_1\ \overline{X_2}\ \overline{X_3}\ \overline{X_4} + \overline{X_1}\ \overline{X_2} X_3\ \overline{X_4}$$

3. 由逻辑表达式画出电路图（图 5.37）

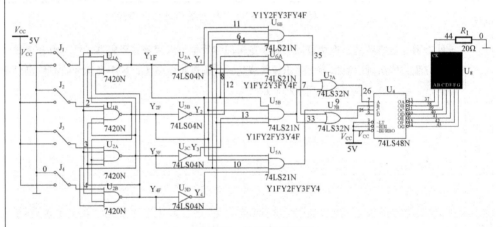

图 5.37　抢答器电路图

仿真调试

1. 在仿真软件中搭建电路图
2. 4 位同学模拟抢答，观察电路功能
（附上调试截图）

实物组装调试

1. PCB 布线图设计
注：这里附上设计步骤文字说明及对应截图
2. 采购元件
3. 组装焊接
注：这里附上组装过程文字说明及相关图片
4. 功能调试
注：这里附上调试成功的图片

成果展示

1. 撰写设计报告
2. 制作 PPT，展示成果

本学习情境的评分表和评分标准分别见表 5-27 和表 5-28。

表 5-27 学习情境 5 评分表

评分表

班级学号姓名：		得分合计：		等级评定：	
评价分类列表		比值	小组评分 20%	组间评分 30%	教师评分 50%
单元电路分析与调试		30			
综合实训	资讯	15			
	决策计划	10			
	实施	20			
	检查	5			
	评价	5			
	设计报告	10			
学习态度		5			

表 5-28 评分标准

学习情境 5：四路数显抢答器的制作与调试

评价分类列表		比值	评分标准	得分
抢答器单元电路的分析与调试		30	能用公式法与卡诺图法化简逻辑代数	
			能分析并设计组合逻辑函数	
			能分析并测试编码器、译码器的逻辑功能	
			能用编码器、译码器设计逻辑电路	
抢答器设计与调试	资讯	15	能尽可能全面地收集与学习情境相关的信息	
	决策计划	10	决策方案切实可行、实施计划周详实用	
	实施	20	掌握电路的分析、设计、组装调试等技能	
	检查	5	能正确分析故障原因并排除故障	
	评价	5	能对成果做出合理的评价	
	设计报告	10	撰写规范的设计报告	
学习态度		5	学习态度好，组织协调能力强，能组织本组进行积极讨论并及时分享自己的成果，能主动帮助其他同学完成任务	

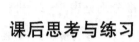

电子电路分析与调试

课后思考与练习

一、填空题

1. 在时间上和数值上均作连续变化的电信号称为_____信号；在时间上和数值上离散的信号称为_____信号。

2. 在正逻辑的约定下，"1"表示_____电平，"0"表示_____电平。

3. 数字电路中，输入信号和输出信号之间的关系是_____关系，所以数字电路也称为_____电路。在_____关系中，最基本的关系是_____、_____和_____。

4. 用来表示各种计数制数码个数的数称为_____，同一数码在不同数位所代表的_____不同。十进制计数各位的_____是10，_____是10的幂。

5. _____BCD码和_____码是有权码；_____码和_____码是无权码。

6. 8421BCD码是最常用也是最简单的一种BCD代码，各位的权依次为_____、_____、_____、_____。8421BCD码的显著特点是它与_____数码的4位等值_____完全相同。

7. 最简与或表达式是指在表达式中_____最少，且_____也最少。

8. 卡诺图是将代表_____的小方格按_____原则排列而构成的方块图。卡诺图的画图规则：任意两个几何位置相邻的_____之间，只允许_____的取值不同。

9. 在化简的过程中，约束项可以根据需要看作_____或_____。

10. 具有基本逻辑关系的电路称为_____，其中最基本的有_____、_____和非门。

11. 具有"相异出1，相同出0"功能的逻辑门是_____门，它的反是_____门。

12. 功能为"有0出1、全1出0"的门电路是_____门；具有"_____"功能的门电路是或门；实际中集成的_____门应用的最为普遍。

13. TTL门输入端口为_____逻辑关系时，多余的输入端可_____处理；TTL门输入端口为_____逻辑关系时，多余的输入端应接_____电平。

14. 在多路数据选送过程中，能够根据需要将其中任意一路挑选出来的电路，称之为_____器，也叫做_____开关。

二、判断题

1. 输入全为低电平"0"，输出也为"0"时，必为"与"逻辑关系。　　　　（　　）

2. 或逻辑关系是"有 0 出 0，见 1 出 1"。　　　　　　　　　（　　）

3. 8421BCD 码、2421BCD 码和余 3 码都属于有权码。　　　　（　　）

4. 二进制计数中各位的基是 2，不同数位的权是 2 的幂。　　（　　）

5. 格雷码相邻两个代码之间至少有一位不同。　　　　　　　（　　）

6. 是逻辑代数的非非定律。　　　　　　　　　　　　　　　（　　）

7. 卡诺图中为 1 的方格均表示一个逻辑函数的最小项。　　　（　　）

8. 组合逻辑电路的输出只取决于输入信号的现态。　　　　　（　　）

9. 3 线-8 线译码器电路是三-八进制译码器。　　　　　　　（　　）

10. 已知逻辑功能，求解逻辑表达式的过程称为逻辑电路的设计。（　　）

11. 编码电路的输入量一定是人们熟悉的十进制数。　　　　　（　　）

12. 组合逻辑电路中的每一个门实际上都是一个存储单元。　　（　　）

13. 无关最小项对最终的逻辑结果无影响，因此可任意视为 0 或 1。（　　）

14. 共阴极结构的显示器需要低电平驱动才能显示。　　　　　（　　）

三、选择题

1. 逻辑函数中的逻辑"与"和它对应的逻辑代数运算关系为（　　）。

A. 逻辑加　　　　B. 逻辑乘　　　　C. 逻辑非

2. 十进制数 100 对应的二进制数为（　　）。

A. 1011110　　　B. 1100010　　　C. 1100100　　　D. 11000100

3. 数字电路中机器识别和常用的数制是（　　）。

A. 二进制　　　　B. 八进制　　　　C. 十进制　　　　D. 十六进制

4. 具有"有 1 出 0、全 0 出 1"功能的逻辑门是（　　）。

A. 与非门　　　　B. 或非门　　　　C. 异或门　　　　D. 同或门

5. 下列各型号中属于优先编译码器是（　　）。

A. 74LS85　　　　B. 74LS138　　　C. 74LS148　　　D. 74LS48

6. 七段数码显示管 TS547 是（　　）。

A. 共阳极 LED 管　B. 共阴极 LED 管　C. 极阳极 LCD 管　D. 共阴极 LCD 管

7. 八输入端的编码器按二进制数编码时，输出端的个数是（　　）。

A. 2 个　　　　　B. 3 个　　　　　C. 4 个　　　　　D. 8 个

8. 四输入的译码器，其输出端最多为（　　）。

A. 4 个　　　　　B. 8 个　　　　　C. 10 个　　　　　D. 16 个

9. 当 74LS147 的输入端按顺序输入 1111011101 时，输出为（　　）。

A. 1101　　　　　B. 1010　　　　　C. 1001　　　　　D. 1110

10. 一个两输入端的门电路，当输入为 1 和 0 时，输出不是 1 的门是（　　）。

A. 与非门　　　　B. 或门　　　　　C. 或非门　　　　D. 异或门

11. 多余输入端可以悬空使用的门是（　　）。

A. 与门　　　　　B. TTL 与非门　　C. CMOS 与非门　D. 或非门

12. 译码器的输出量是（　　）。

A. 二进制　　　　　　B. 八进制　　　　　　C. 十进制　　　　　　D. 十六进制

13. 编码器的输入量是（　　）。

A. 二进制　　　　　　B. 八进制　　　　　　C. 十进制　　　　　　D. 十六进制

四、简述题

1. 数字信号和模拟信号的最大区别是什么？数字电路和模拟电路中，哪一种抗干扰能力较强？

2. 何谓数制？何谓码制？在我们所介绍范围内，哪些属于有权码？哪些属于无权码？

3. 试述卡诺图化简逻辑函数的原则和步骤。

4. 何谓逻辑门？何谓组合逻辑电路？组合逻辑电路的特点是什么？

5. 分析组合逻辑电路的目的是什么？简述分析步骤。

6. 何谓编码？二进制编码和二-十进制编码有何不同？

7. 何谓译码？译码器的输入量和输出量在进制上有何不同？

五、设计题

1. 用逻辑门芯片设计六路数显抢答器。

2. 用译码器设计八路数显抢答器。

3. 用编码器、译码器、数码显示管相关信息设计并调试一位数字显示器。

学习情境6

故障指示仪的设计与调试

学习目标

能力目标：能识别并测试数据选择器的逻辑功能；会用数据选择器设计对应功能的组合逻辑电路。

知识目标：掌握4选1、8选1的逻辑功能；掌握用数据选择器实现逻辑函数的方法；了解数据分配器的逻辑功能。

学习情境背景

很多电子产品为了方便故障排除往往都设计有内置的故障指示电路，以YH-ZFZD-E2WG型消防应急照明灯为例，为了避免由于应急灯故障而无法正常工作，设计了故障指示电路以供使用者及时排除故障或更换新的应急灯，避免火灾时由于应急灯不能正常工作导致重大损失。其故障指示电路主要完成3项任务：电池组开路故障指示；镍镉电池组短路故障指示和负载（光源）开路故障指示，要求出现一种故障点亮绿色故障LED灯提示，出现两种故障点亮黄色故障LED灯提示，出现三种故障点亮红色故障LED灯提示。如图6.1所示，为了与本课程的教学内容相吻合，我们根据上述功能设计了适合教学的故障指示仪，其原理图如图6.2所示。

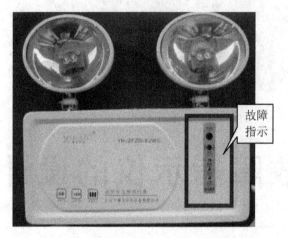

图 6.1 内置于实际产品消防应急灯内部的故障指示仪

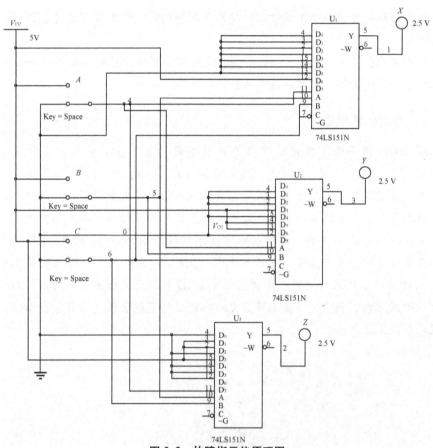

图 6.2 故障指示仪原理图

学习情境组织

本学习情境主要是应用数据选择器完成消防应急灯内置故障指示电路的逻辑功能，

由此，可将本学习情境分为两个单元电路的分析与调试和一个综合实训，具体内容组织见表6-1。

表6-1 学习情境6内容组织

学习情境6：故障指示仪的设计与调试				
	比值		子任务	得分
单元电路的分析与应用		30	任务6.1 常用数据选择器的分析与测试	
			任务6.2 数据选择器实现逻辑函数	
故障指示电路的设计与调试	资讯	15	能尽可能全面地收集与学习情境相关的信息	
	决策计划	10	决策方案切实可行、实施计划周详实用	
	实施	25	掌握电路的分析、设计、组装调试等技能	
	检查	5	能正确分析故障原因并排除故障	
	评价	5	能对成果做出合理的评价	
	设计报告	10	撰写规范的设计报告	
学习态度		5	学习态度好，组织协调能力强，能组织本组进行积极讨论并及时分享自己的成果，能主动帮助其他同学完成任务	

课 前 预 习

1. 什么是数据选择器？

2. 什么是8选1数据选择器？74LS151数据选择器芯片的引脚结构与功能分别是怎样的？

3. 什么是4选1数据选择器？74LS153数据选择器芯片的引脚结构与功能分别是怎样的？

4. 用数据选择器设计给定功能电路的步骤是怎样的？

5. 用数据选择器设计给定功能电路的方法只有一种吗？如果不是，那么请列出你能找出的所有方法。

任务6.1 常用数据选择器的分析与测试

在多路数据传输过程中，经常需要将其中一路信号挑选出来进行传输，或将一路数据分配到多路单元中去。这就需要用到数据选择器和数据分配器。

从多路数据中选择某一路数据输出的逻辑电路称为"数据选择器"，简称MUX，或称"多路调制器"、"多路开关"，MUX相当于一个单刀多掷开关。常用的MUX有2选1、4选1、8选1、16选1等。如对MUX的功能进行扩展，还可得到32选1、64选1等选择器。

1. 数据选择器的功能

下面以 4 选 1 为例，来说明 MUX 的功能。4 选 1 数据选择器的逻辑功能示意图如图 6.3 所示。

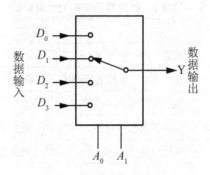

图 6.3　4 选 1 数据选择器的逻辑功能

A_1、A_0 是地址输入端。此电路应具有选择功能：当 $A_1 A_0 = 00$ 时，选择输入端 D_0 的数据输出，即 $Y = D_0$；当 $A_1 A_0$ 分别为 01、10、11 时，Y 分别为 D_1、D_2、D_3。对应功能见表 6-2。

表 6-2　4 选 1 数据选择器的功能表

输	入	输　出
A_1	A_0	Y
0	0	D_0
0	1	D_1
1	0	D_2
1	1	D_3

2. 集成数据选择器 74LS153 和 74LS151

74LS153 是集成双四选一数据选择器，其引脚图如图 6.4 所示，其功能表见表 6-3。

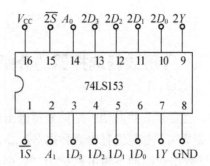

图 6.4　74LS153 引脚图

表6-3　74LS153 功能表

输　　　入				输　　出
$\bar{S}$	D	A_1	A_0	Y
1	×	×	×	0
0	D_0	0	0	D_0
0	D_1	0	1	D_1
0	D_2	1	0	D_2
0	D_3	1	1	D_3

其中，$\bar{S}$ 是选通控制端，低电平有效，即 $\bar{S}=0$ 时芯片被选中，处于工作状态；$\bar{S}=1$ 时芯片被禁止，$Y\equiv0$。

74LS151 是集成双八选一数据选择器，其引脚图如图 6.5 所示其功能表见表 6-4。

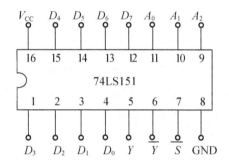

图 6.5　74LS153 引脚图

表6-4　74LS153 功能表

输　　　入					输　　出	
D	A_2	A_1	A_0	$\bar{S}$	Y	$\bar{Y}$
×	×	×	×	1	0	1
D_0	0	0	0	0	D_0	$\bar{D_0}$
D_1	0	0	1	0	D_1	$\bar{D_1}$
D_2	0	1	0	0	D_2	$\bar{D_2}$
D_3	0	1	1	0	D_3	$\bar{D_3}$
D_4	1	0	0	0	D_4	$\bar{D_4}$
D_5	1	0	1	0	D_5	$\bar{D_5}$
D_6	1	1	0	0	D_6	$\bar{D_6}$
D_7	1	1	1	0	D_7	$\bar{D_7}$

$$\bar{S}=0 \text{ 时，} Y=\sum_{i=0}^{7}D_i m_i$$

数据选择器 74LS151 可作如下扩展如图 6.6 所示。

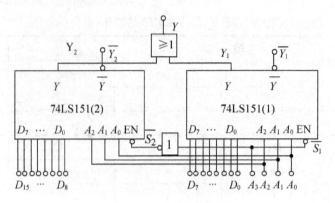

图 6.6 数据选择器的扩展

$A_3 = 0$ 时，$\overline{S}_1 = 0$，$\overline{S}_2 = 1$，片(2)禁止，片(1)工作；

$A_3 = 1$ 时，$\overline{S}_1 = 1$，$\overline{S}_2 = 0$，片(1)禁止，片(2)工作。

动手做做看

1. 测试 4 选 1 数据选择器 74LS153 芯片的逻辑功能。

（1）在 Multisim 10 仿真软件中搭建如图 6.7 所示的芯片 74LS153 逻辑功能的仿真测试图，按照 74LS153 的真值表进行逐项测试，如当 $A_1 A_0 = 00$ 时，当 D_0、D_1、D_2、D_3 的信号分别在 0 和 1 中切换时，通过观察指示灯的亮灭情况，确定输出的是哪个信号，将仿真测试结果填入表 6-5 中。

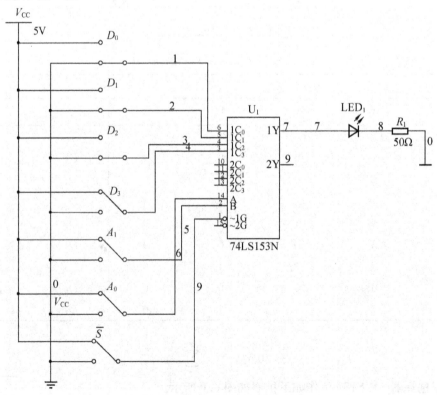

图 6.7 74LS153 仿真测试图

表 6-5　74LS153 功能表

输　　　入				输　　出
S	D	A_1	A_0	Y
1	×	×	×	
0	D_0	0	0	
0	D_1	0	1	
0	D_2	1	0	
0	D_3	1	1	

　　根据上述测试结果用语言归纳芯片 74LS153 的逻辑功能。

　　(2) 根据仿真测试电路接线图在数字试验箱上进一步测试 74LS153 芯片的逻辑功能。

　　2. 测试 8 选 1 数据选择器 74LS151 芯片的逻辑功能。

　　(1) 在 Multisim 10 仿真软件中搭建如图 6.8 所示的芯片 74LS151 逻辑功能的仿真测试图,按照 74LS151 的真值表进行逐项测试,通过观察指示灯的亮灭情况,确定输出的是

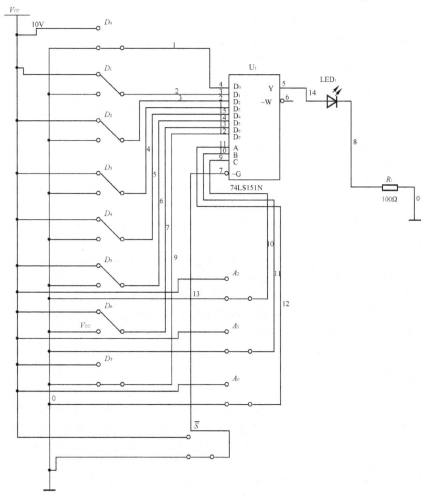

图 6.8　74LS151 仿真测试图

哪个信号,将仿真测试结果填入表6-6中。

表6-6 74LS151功能表

输 入					输 出
D	A_2	A_1	A_0	$\overline{S}$	Y
×	×	×	×	1	
D_0	0	0	0	0	
D_1	0	0	1	0	
D_2	0	1	0	0	
D_3	0	1	1	0	
D_4	1	0	0	0	
D_5	1	0	1	0	
D_6	1	1	0	0	
D_7	1	1	1	0	

根据上述测试结果用语言归纳芯片74LS153的逻辑功能。

(2) 根据仿真测试电路接线图在数字试验箱上进一步测试74LS151芯片的逻辑功能。

任务6.2 数据选择器实现逻辑函数

从前述分析可知,数据选择器是地址选择变量最小项的输出器;而任何一个逻辑函数都可以表示为最小项之和的标准形式。因此,用数据选择器可以很方便地实现逻辑函数。

方法:表达式比较法(公式法)和卡诺图比较法。

当逻辑函数的变量个数和数据选择器的地址输入变量个数相同时,可直接用数据选择器来实现逻辑函数。

例6-1 用8选1数据选择器实现逻辑函数$Y=AB+AC+BC$。

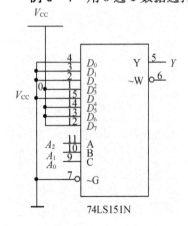

图6.9 连接电路

解一:表达式比较法求解。

① 将函数表达式转换为标准与-或表达式如下:

$$Y = AB + AC + BC$$
$$= \overline{A}BC + A\overline{B}C + AB\overline{C} + ABC$$
$$= m_3 + m_5 + m_6 + m_7$$

② 令$A=A_2$、$B=A_1$、$C=A_0$,将上述表达式与8选1数据选择器输出函数表达式比较得:

$$Y = m_0 D_0 + m_1 D_1 + m_2 D_2 + m_3 D_3 + m_4 D_4$$
$$+ m_5 D_5 + m_6 D_6 + m_7 D_7$$

其中,$D_0 = D_1 = D_2 = D_4 = 0$,$D_3 = D_5 = D_6 = D_7 = 1$。

③ 连接电路如图6.9所示。

解二： 卡诺图比较法求解。

① 分别作出逻辑函数卡诺图和8选1数据选择器卡诺图（图6.10）。

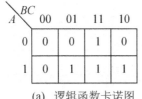

A⟍BC	00	01	11	10
0	0	0	1	0
1	0	1	1	1

A_0⟍A_2A_1	00	01	11	10
00	D_0	D_2	D_6	D_4
01	D_1	D_3	D_7	D_5

(a) 逻辑函数卡诺图　　　　(b) 8选1数据选择器卡诺图

图6.10　卡诺图

令 $A_2=A$、$A_1=B$、$A_0=C$，比较两个卡诺图可得：$D_0=D_1=D_2=D_4=0$，$D_3=D_5=D_6=D_7=1$。

② 连接电路如图6.9所示。

当逻辑函数的变量个数多于数据选择器的地址输入变量个数时（逻辑函数的变量个数最多比数据选择器的地址输入变量个数多一个），应分离出多余的变量，将余下的变量分别有序地加到数据选择器的地址输入端上。

$$D_0=0, \quad D_1=\overline{D}, \quad D_2=0, \quad D_3=D$$
$$D_4=D, \quad D_5=\overline{D}, \quad D_6=D, \quad D_7=1$$

由此可绘制出电路如图6.11所示。

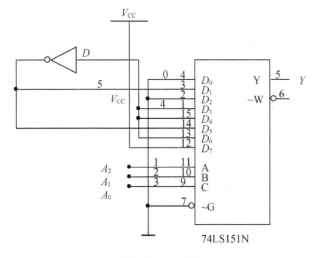

图6.11　电路图

动手做做看

某车间用黄色故障指示灯来显示车间内3台设备的工作情况，只要有一台设备发生故障即启亮黄色故障指示灯，分别用数据选择器74LS151和74LS153设计满足上述功能的故障指示电路。

(1) 列真值表见表6-7：用A、B、C分别表示车间的3台设备，设备正常用0表

示，设备故障用 1 表示，Y 表示指示灯亮灭情况，灯灭用 0 表示，灯亮用 1 表示。

表6-7　真值表

A	B	C	Y
0	0	0	0
0	0	1	1
0	1	0	1
0	1	1	1
1	0	0	1
1	0	1	1
1	1	0	1
1	1	1	1

（2）由真值表写出逻辑表达式并化简以下公式。

$$Y = \overline{A}\,\overline{B}C + \overline{A}\,\overline{C}B + \overline{A}BC + A\overline{B}\,\overline{C} + A\overline{B}C + AB\overline{C} + ABC = \sum m\,(1,\ 2,\ 3,\ 4,\ 5,\ 6,\ 7)$$

（3）由最简表达式画出电路如图 6.12 所示。

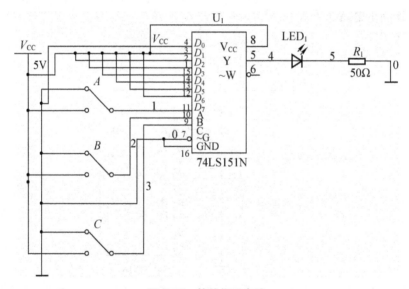

图 6.12　故障指示电路

由于

$$Y = \overline{A}\,\overline{B}C + \overline{A}\,\overline{C}B + \overline{A}BC + A\overline{B}\,\overline{C} + A\overline{B}C + AB\overline{C} + ABC$$

$$= \overline{A}\,\overline{B}C + \overline{A}B.1 + A\overline{B}.1 + AB.1 = m_0.C + m_1.1 + m_2.1 + m_3.1$$

用数据选择器 74LS153 实现的故障指示电路如图 6.13 所示。

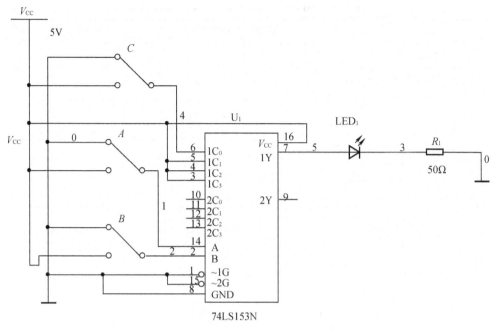

图 6.13　用数据选择器 74LS153 实现的故障指示电路

综合任务　故障指示仪的分析制作与调试

　　任务 6.1 至任务 6.2 完成了学习情境 6 所需单元电路知识的学习与技能训练，在本环节要求同学们根据以表 6-8～表 6-10 提供的资讯单、决策计划单、实施单完成故障指示仪的分析制作与调试。

表 6-8　故障指示仪的分析制作与调试资讯单

资讯单		
班级姓名学号		得分	
数据选择器的识别与功能分析			
变量个数与数据选择器输入变量个数相等情况下的电路设计方法			
变量个数比数据选择器输入变量多一个情况下的电路设计方法			

表 6-9　故障指示仪的设计与调试决策计划单

决策计划单			
班级学号姓名		得分	
电路设计思路	设计思路如图 6.14 所示 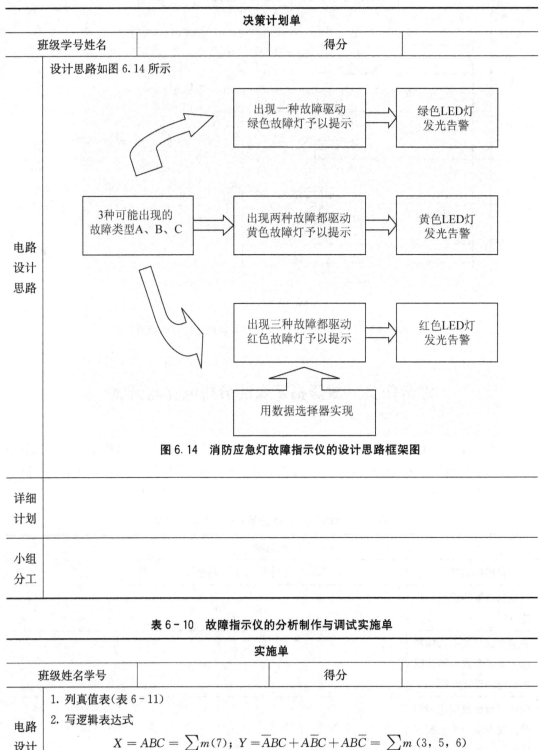 图 6.14　消防应急灯故障指示仪的设计思路框架图		
详细计划			
小组分工			

表 6-10　故障指示仪的分析制作与调试实施单

实施单			
班级姓名学号		得分	
电路设计	1. 列真值表（表 6-11） 2. 写逻辑表达式 $$X = ABC = \sum m(7)；Y = \overline{A}BC + A\overline{B}C + AB\overline{C} = \sum m(3,5,6)$$ $$Z = \overline{A}\ \overline{B}C + \overline{A}B\overline{C} + A\overline{B}\ \overline{C} = \sum m(1,2.4)$$		

实施单					
班级姓名学号			得分		

表6－11

输　入			输　出		
A	B	C	X(红)	Y(黄)	Z(绿)
0	0	0	0	0	0
0	0	1	0	0	1
0	1	0	0	0	1
0	1	1	0	1	0
1	0	0	0	0	1
1	0	1	0	1	0
1	1	0	0	1	0
1	1	1	1	0	0

3. 画电路图(图6.15)

电路设计

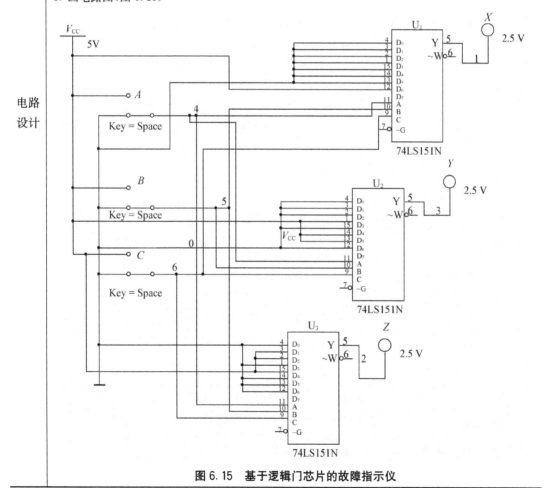

图 6.15　基于逻辑门芯片的故障指示仪

续表

实施单

班级姓名学号		得分	
仿真调试	1. 在仿真软件中搭建电路图 2. 对照设计要求观察调试电路功能 （附上截图）		
实物组装调试	1. PCB布线图设计 注：这里附上设计步骤文字说明及对应截图 2. 采购元件 3. 组装焊接 注：这里附上组装过程文字说明及相关图片 4. 功能调试 注：这里附上调试成功的图片		
成果展示	1. 撰写设计报告 2. 制作PPT，展示成果		

本学习情境的评分表和评分标准分别见表 6-12 和表 6-13。

表 6-12 学习情境 6 评分表

评分表

班级学号姓名：		得分合计：		等级评定：	
评价分类列表		比值	小组评分20%	组间评分30%	教师评分50%
单元电路分析与调试		30			
综合实训	资讯	15			
	决策计划	5			
	实施	25			
	检查	5			
	评价	5			
	设计报告	10			
学习态度		5			

表 6-13 评分标准

学习情境6：故障指示仪的设计与调试			
评价分类列表	比值	评分标准	得分
故障指示仪单元电路分析与调试	30	能识别与测试晶体管 能分析与调试晶体管基本放大电路	

续表

评价分类列表		比值	评分标准	得分
故障指示仪设计与调试	资讯	15	能尽可能全面地收集与学习情境相关的信息	
	决策计划	5	决策方案切实可行、实施计划周详实用	
	实施	25	掌握电路的分析、设计、组装调试等技能	
	检查	5	能正确分析故障原因并排除故障	
	评价	5	能对成果做出合理的评价	
	设计报告	10	按规范格式撰写设计报告	
学习态度		5	学习态度好，组织协调能力强，能组织本组进行积极讨论并及时分享自己的成果，能主动帮助其他同学完成任务	

学习情境6：故障指示仪的设计与调试

课后思考与练习

1. 试用数据选择器 74151 实现逻辑函数 $Y(A，B，C，D)=\sum m(1，2，5，8，9，11，12)$，要求写出求解过程。

2. 试用 8 选 1 数据选择器 74151 和适当的门电路实现逻辑函数 $Y(A，B，C)=A \oplus B \oplus C$。

3. 双 4 选 1 数据选择器 CC14539 的逻辑示意图如图所示，图 6.16 中 A_1、A_0 为地址码输入端，$D_0 \sim D_3$ 为数据输入端，试用其实现逻辑函数 $Y=A \oplus B \oplus C$。

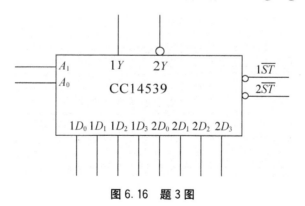

图 6.16 题 3 图

4. 分析图示 6.17 选 1 数据选择器电路的功能并列出电路功能表。

5. 图示 6.18 选 1 数据选择器电路中，当 $AB=00$、01、10、11 时，Y 为何值？

电子电路分析与调试

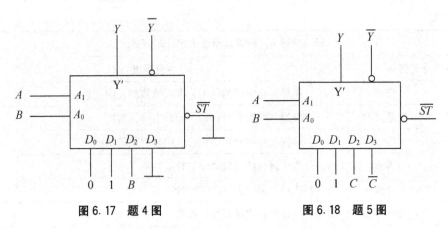

图 6.17　题 4 图　　　　　　　图 6.18　题 5 图

6.试用逻辑门芯片设计本情境的故障指示仪,参考电路如图 6.19 所示。

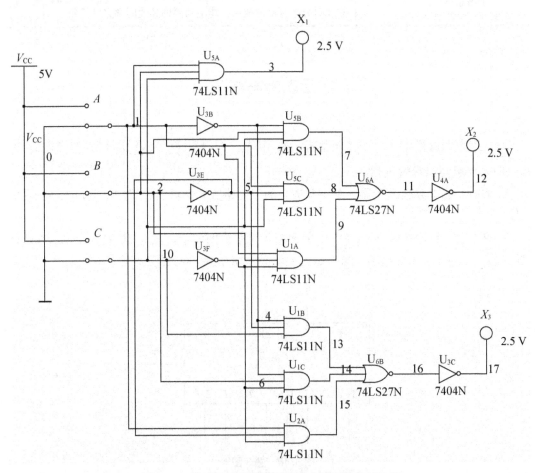

图 6.19　基于逻辑门芯片的消防应急灯故障指示仪

7.试用译码器设计本情境的故障指示仪,参考电路如图 6.20 所示。

190

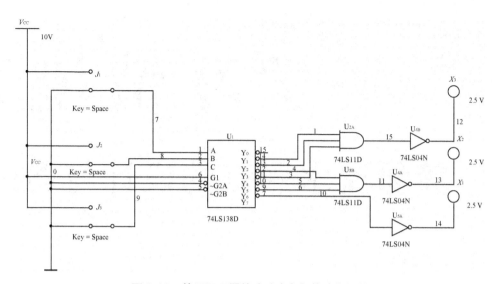

图 6.20　基于译码器的消防应急灯故障指示仪

学习情境7

简易流水彩灯的设计与调试

学习目标

能力目标：会识别和测试常用触发器集成芯片；会用555定时器设计调试脉冲电路；能用触发器及译码器综合设计频率可变的简易流水彩灯。

知识目标：熟悉各触发器特性、功能；了解555定时器的结构，掌握555定时器的功能及基本应用设计。

学习情境背景

我们经常在公园、校园、建筑楼顶、商场、闹市街道边等场合看到形形色色漂亮的彩灯作为环境装饰，在春节、圣诞节等喜庆的节日里，各式各样的简易流水彩灯也随处可见，如图7.1所示为实拍的装饰彩灯。在实际应用中，往往都是比较大型的彩灯，要考虑成本、美观等多方面因素，因此实际应用的彩灯往往不会单独采用数字电路的知识来设计。而为了适应本课程的教学内容，课程组仿照实际彩灯的功能设计了适合教学的简易流水彩灯，如图7.2所示。

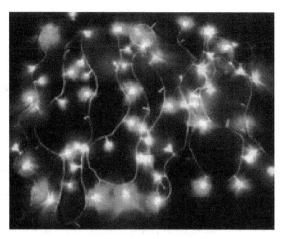

图 7.1　实拍圣诞彩灯

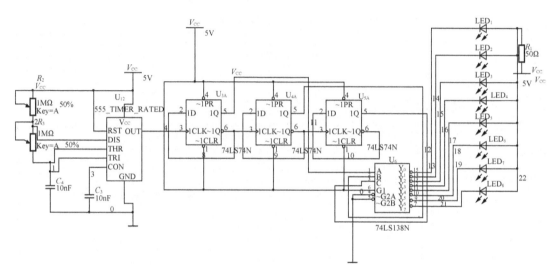

图 7.2　八路流水彩灯原理图

学习情境组织

本学习情境应用触发器、555 定时器、译码器设计八路简易流水彩灯，其中译码器已经在前面情境中学习了，由此，可将本学习情境分为两个单元任务和一个综合实训，具体内容组织见表 7-1。

表 7-1　学习情境 7 内容组织

学习情境 7：简易流水彩灯的设计与调试			
	比值	子任务	得分
单元任务	30	任务 7.1　触发器的识别与测试	
		任务 7.2　555 定时器的分析与应用	

续表

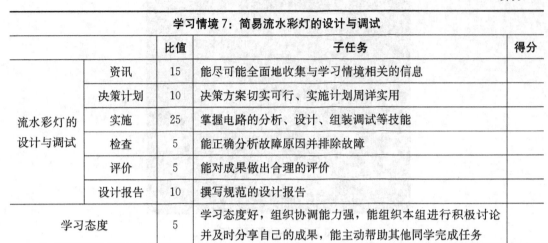

学习情境7：简易流水彩灯的设计与调试				
		比值	子任务	得分
流水彩灯的设计与调试	资讯	15	能尽可能全面地收集与学习情境相关的信息	
	决策计划	10	决策方案切实可行、实施计划周详实用	
	实施	25	掌握电路的分析、设计、组装调试等技能	
	检查	5	能正确分析故障原因并排除故障	
	评价	5	能对成果做出合理的评价	
	设计报告	10	撰写规范的设计报告	
学习态度		5	学习态度好，组织协调能力强，能组织本组进行积极讨论并及时分享自己的成果，能主动帮助其他同学完成任务	

课 前 预 习

1. 什么是触发器？

2. 什么是基本 RS 触发器？基本 RS 触发器的电路结构、工作原理是怎样的？分别用状态表、状态方程、状态图、激励表、波形图 5 种不同的方法给出基本 RS 触发器的功能。

3. 什么是同步 RS 触发器？同步 RS 触发器的电路结构和功能分别是怎样的？

4. 什么是同步 D 触发器和同步 T 触发器？各自的电路结构和功能分别是什么？

5. 什么是 JK 触发器？什么是主从触发器？什么是边沿触发器？

任务 7.1　触发器的识别与测试

在数字电路中，经常需要将二进制的代码信息保存起来进行处理。触发器(Flip-Flop, FF)就是实现存储二进制信息功能的单元电路。由于二进制信息只有 0、1 两种状态，所以触发器也必须具备有两个稳定状态：0 状态和 1 状态。

触发器按结构分可分为基本型、同步型、主从型、边沿型。按逻辑功能分课分为 RS 触发器、D 触发器、T 触发器、JK 触发器。

7.1.1　基本 RS 触发器

基本 RS 触发器是构成各种功能触发器的基本单元，所以称为基本触发器。它可以用两个与非门或两个或非门交叉耦合构成。有两个互补输出端 Q 和 $\bar{Q}$，$Q=1$，$\bar{Q}=0$ 时，称触发器处于"1"状态；$Q=0$，$\bar{Q}=1$ 时，称触发器处于"0"状态。把输入信号作用前的触发器状态称为现在状态(简称现态)，用 Q^n 和 $\bar{Q}^n$ 表示，把在输入信号作用后触发器所进入的状态称为下一状态(简称次态),用 Q^{n+1} 和 $\overline{Q^{n+1}}$ 表示。

1. 电路结构和工作原理

基本 RS 触发器电路及逻辑符号如图 7.3 所示。

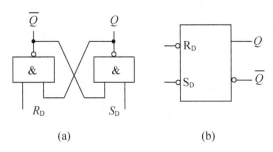

(a)　　　　　　　　　(b)

图 7.3　基本 RS 触发器电路及逻辑符号

当 $R_D=0$,$S_D=0$ 时,$Q^{n+1}=\overline{Q^{n+1}}=1$,破坏了触发器的互补输出关系,且当 R_D,S_D 同时从 0 变化为 1 时,由于门的延迟时间不一致,使触发器的次态不确定,即 $Q^{n+1}=X$,这种情况是不允许的,因此规定输入信 R_D,S_D 不能同时为 0,它们应遵循 $R_D+S_D=1$ 的约束条件。

基本 RS 触发器具有置 0、置 1 和保持的逻辑功能,S_D 称为置 1 端或置位(SET)端,R_D 称为置 0 或复位(RESET)端(R_D,S_D 低电平有效),也称为置位—复位(Set-Reset)触发器。

2. 基本 RS 触发器的功能描述方法(5 种)

(1) 状态转移真值表(状态表),见表 7-2。

表 7-2　工作状态表

R_D	S_D	Q^{n+1}
0	0	不定
0	1	0
1	0	1
1	1	Q^n

(2) 特征方程(状态方程):描述触发器逻辑功能的函数表达式称为特征方程或状态方程,次态卡诺图如图 7.4 所示。

Q \ R_DS_D	00	01	11	10
0	×	0	0	1
1	×	0	1	1

图 7.4　次态卡诺图

由次态卡诺图可得基本触发器的特征方程为：

$$\begin{cases} Q^{n+1} = \overline{S}_D + R_D Q^n \\ S_D + R_D = 1 \end{cases}$$

（3）状态转移图（状态图）：用图形方式来描述触发器的状态转移规律，如图 7.5 所示。

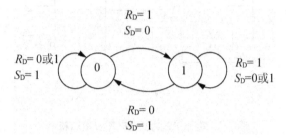

图 7.5 状态转移图

两个圆圈分别表示触发器的两个稳定状态，箭头表示在输入信号作用下状态转移的方向，箭头旁的标注表示转移条件。

（4）激励表：也称驱动表，表示触发器由当前状态 Q^n 转至确定的下一状态 Q^{n+1} 时，对输入信号的要求。基本 RS 触发器的激励表见表 7-3。

表 7-3 基本 RS 触发器的激励表

Q^n	Q^{n+1}	R_D	S_D
0	0	$\times$	1
0	1	1	0
1	0	0	1
1	1	1	$\times$

（5）波形图（时序图）：反映了触发器的输出状态随时间和输入信号变化的规律，是实验中可观察到的波形。基本 RS 触发器的波形图如图 7.6 所示。

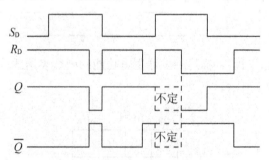

图 7.6 基本 RS 触发器的波形图

7.1.2　同步触发器

1. 结构与符号

同步 RS 触发器是在基本 RS 触发器基础上加两个与非门构成的，其逻辑电路及逻辑符号分别如图所示。图中 C、D 门构成触发引导电路，R 为置 0 端，S 为置 1 端，CP 为时钟输入端（Clock-Pulse）。从图 7.7 看出，其中基本 RS 触发器的输入函数为：$R_{\mathrm{D}}=\overline{R \cdot CP}$，$S_{\mathrm{D}}=\overline{S \cdot CP}$。

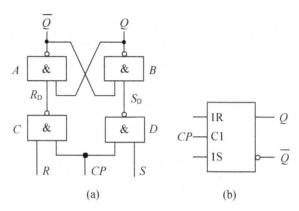

图 7.7　同步 RS 触发器的逻辑电路及逻辑符号

2. 功能表

$CP=1$ 时，功能表见表 7 - 4。

表 7 - 4　功能表

R	S	Q^{n+1}
0	0	Q^n
0	1	1
1	0	0
1	1	$\times$

特征方程为：

$$Q^{n+1}=S+\overline{R}Q^n$$
$$RS=0$$

3. 状态图

状态图如图 7.8 所示。

同步 RS 触发器是在 R 和 S 分别为 1 时清"0"和置"1"，称为 R、S 高电平有效，所以逻辑符号的 R、S 输入端不加小圆圈。

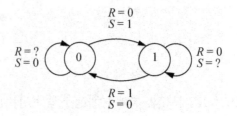

图7.8 状态图

4. 激励表

激励表见表 7-5。

表 7-5 激励表

Q^n	Q^{n+1}	R	S
0	0	$\times$	0
0	1	0	1
1	0	1	0
1	1	0	$\times$

5. 波形图

波形图如图 7.9 所示。

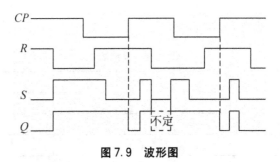

图7.9 波形图

7.1.3 同步 D 触发器

为解决 R、S 之间有约束问题,将同步 RSFF 的 R 端接至 D 门的输出端,并将 S 改为 D,形成同步 D 触发器,同步 D 触发器的逻辑电路和逻辑符号如图 7.10 所示。

当 $CP=0$ 时,$SD=1$,$RD=1$,触发器状态维持不变;当 $CP=1$ 时,$SD=D$,$RD=\bar{D}$,代入基本 RS 触发器的特征方程得出钟控 D 触发器的特征方程为:$Q^{n+1}=D$,同理,可以得出同步 D 触发器在 $CP=1$ 时的状态转移真值表见表 7-6,激励表见表 7-7,状态图如图 7.11 所示和波形图如图 7.12 所示。

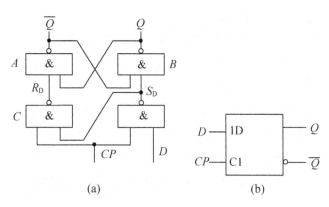

(a)   (b)

图 7.10 同步 D 触发器的逻辑电路和逻辑符号

表 7-6 D 触发器状态转移真值表

D	Q^{n+1}
0	0
1	1

表 7-7 D 触发器激励表

Q^n	Q^{n+1}	D
0	0	0
0	1	1
1	0	0
1	1	1

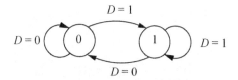

图 7.11 D 触发器状态图

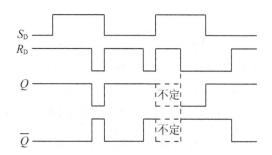

图 7.12 D 触发器波形(设初态为 0)

同步触发器存在的问题：空翻问题。

原因：$CP=1$ 期间，输入信号均有效，有干扰也无法杜绝。

7.1.4 同步 T 触发器

同步 T 触发器的逻辑电路及符号如图 7.13 所示。从图中看出，它是将同步 RS 触发器的互补输出 Q 和 $\overline{Q}$ 分别接至原来的 R 和 S 输入端，并在触发引导门的输入端加 T 输入信号而构成的。这时等效的 R、S 输入信号为：$S=T\overline{Q^n}$，$R=TQ^n$。由于 Q_n 和 $\overline{Q_n}$ 互补，它不可能出现 $SR=11$ 的情况，因此这种结构也解决了 R、S 之间的约束问题。

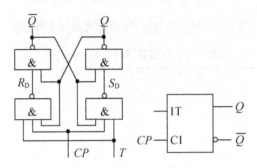

图 7.13 T 触发器逻辑电路和逻辑符号

由图 7.13 可见：$S_D=\overline{T\overline{Q^n}\cdot CP}$，$R_D=\overline{TQ^n\cdot CP}$。

当 $CP=0$ 时，$S_D=1$，$R_D=1$，触发器状态维持不变。当 $CP=1$ 时，代入基本 RS 触发器的特征方程得出钟控 T 触发器的特征方程为如下。T 触发器状态图如图 7.14 所示。

$$Q^{n+1}=\overline{S_D}+R_DQ^n=T\overline{Q^n}+\overline{TQ^n}Q^n=T\overline{Q^n}+\overline{T}Q^n=T\oplus Q^n$$

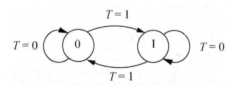

图 7.14 T 触发器状态图

7.1.5 主从 JK 触发器

主从 JK 触发器框图和逻辑电路分别如图 7.15(a) 和图 7.15(b) 所示。

从主从 JK 触发器逻辑电路看出，它由两个同步 RS 触发器构成，其中 1～4 门组成从触发器，5～8 门组成主触发器。

当 $CP=1$ 时，$\overline{CP}=0$，从触发器被封锁，输出状态不变化。此时主触发器输入门打开，接收 J、K 输入信息将 $R_D=\overline{KQ^n}$，$S_D=\overline{J\overline{Q^n}}$ 代入基本 RSFF 特性方程得出下列方程。

$$Q^{n+1}=\overline{S_D}+R_DQ^n=J\overline{Q^n}+\overline{KQ^n}Q^n$$

当 $CP=0$ 时，$\overline{CP}=1$，主触发器被封锁，禁止接受 J、K 信号，主触发器维持原态；

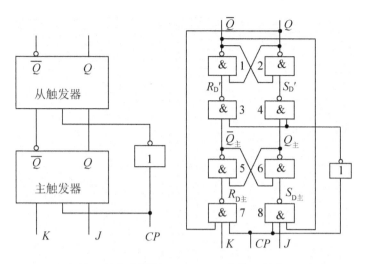

（a）主从JK触发器框图　　（b）主从JK触发器逻辑图

图 7.15　主从 JK 触发器框图和逻辑图

从触发器输入门被打开，从触发器按照主触发器的状态翻转，其中：

$$R_\mathrm{D}' = Q^{n+1}, \quad S_\mathrm{D}' = \overline{Q^{n+1}}$$

$$Q^{n+1} = \overline{S_\mathrm{D}'} + R_\mathrm{D}'Q^n = Q_\text{主}^{n+1}Q^{n+1}Q^n = Q^{n+1}$$

即将主触发器的状态转移到从触发器的输出端，从触发器的状态和主触发器一致。将 $Q^n = Q_\text{主}^n$ 代入上式可得：$Q_\text{主}^{n+1} = J\,\overline{Q_\text{主}^n} + \overline{K}Q_\text{主}^n$

主从 JK 触发器优缺点：$CP = 1$ 时，可按 JK 触发器的特性来决定主触发器的状态，在 CP 下降沿（1→0 时）从触发器的输出才改变一次状态。因此，主从 JK 触发器防止了空翻，其工作优点：①输出状态变化的时刻在时钟的下降沿；②输出状态如何变化，则由时钟 CP 下降沿到来前一瞬间的 J、K 值按 JK 触发器的特征方程来决定。缺点是主从 JK 触发器的一次翻转。主从 JK 触发器虽然防止了空翻现象，但还存在一次翻转现象，可能会使触发器产生错误动作，因而限制了它的使用。所谓一次翻转现象是指在 $CP = 1$ 期间，主触发器接收了输入激励信号发生一次翻转后，主触发器状态就一直保持不变，它不再随输入激励信号 J、K 的变化而变化。例如，设 $Q^n = Q_\text{主}^n = 0$，$J = 0$，$K = 1$，如果在 $CP = 1$ 期间 J、K 发生了多次变化，如图 7.16 所示。

其中第一次变化发生在 t_1，此时 $J = K = 1$，从触发器输出 $Q^n = 0$，因而，从而主触发器发生一次翻转，即 $Q_\text{主}^{n+1} = 1$，$\overline{Q_\text{主}^{n+1}} = 0$。

在 t_2 瞬间，$J = 0$，$K = 1$，$R_\text{D主} = \overline{KQ^n} = 1$，$S_\text{D主} = \overline{J\,\overline{Q^n}} = 0$，主触发器状态不变。由于 $CP = 1$ 期间 $Q^n = 0$，主从 JK 触发器的 7 门一直被封锁，$R_\text{D主} = 1$，因此 t_3 时刻 K 变化不起作用，$Q_\text{主}^{n+1}$ 一直保持不变。当 CP 下降沿来到时，从触发器的状态为 $Q^{n+1} = Q_\text{主}^{n+1} = 1$。这就是一次翻转情况，它和 CP 下降沿来到时由当时的 J、K 值（$J = 0$，$K = 1$）所确定的状态 $Q^{n+1} = 0$ 不一致，即一次翻转会使触发器产生错误动作。

若是在 $CP = 1$ 时，J、K 信号发生了变化，就不能根据 CP 下降沿时的 J、K 值来决

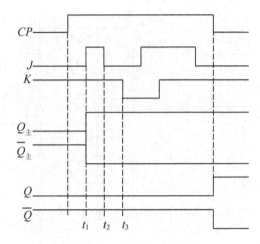

图 7.16　JK 触发器波形图

定输出 Q。这时可按以下方法来处理：若 $CP=1$ 以前 $Q=0$，则从 CP 的上升沿时刻起，J、K 信号出现使 Q 变为 1 的组合，即 $JK=10$ 或 11，则 CP 下降沿时 Q 也为 1，否则 Q 仍为 0；若 $CP=1$ 以前 $Q=1$，则从 CP 的上升沿时刻起 J、K 信号出现使 Q 变为 0 的组合，即 $JK=01$ 或 11，则 CP 下降沿时 Q 也为 0，否则 Q 仍为 1。图 7.17 为考虑了一次翻转后主从 JK 触发器的工作波形，它仅在第 5 个 CP 时没有产生一次翻转。

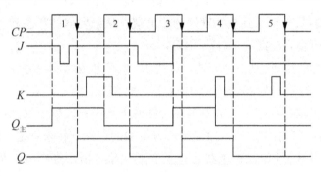

图 7.17　主从 JK 触发器的工作波形图

为了使 CP 下降时输出值和当时的 J、K 信号一致，要求在 $CP=1$ 的期间 J、K 信号不变化。但实际上由于干扰信号的影响，主从触发器的一次翻转现象仍会使触发器产生错误动作，因此主从 JK 触发器数据输入端抗干扰能力较弱。为了减少接收干扰的机会，应使 $CP=1$ 的宽度尽可能窄。

7.1.6　边沿触发器

同时具备以下条件的触发器称为边沿触发方式触发器(简称边沿触发器)：①触发器仅在 CP 某一约定跳变到来时，才接收输入信号；② 在 $CP=0$ 或 $CP=1$ 期间，输入信号变化不会引起触发器输出状态变化。因此，边沿触发器不仅克服了同步触发器的空翻现象和主从触发器的一次性变化问题，而且大大提高了抗干扰能力，工作更为可靠。

边沿触发的触发器有两种类型：一种是维持—阻塞式触发器，它是利用直流反馈来维持翻转后的新状态，阻塞触发器在同一时钟内再次产生翻转；另一种是边沿触发器，它是利用触发器内部逻辑门之间延迟时间的不同，使触发器只在约定时钟跳变时才接收输入信号。

1. 维持-阻塞式边沿 D 触发器

维持-阻塞式边沿 D 触发器由同步 RS 触发器、引导门和 4 根直流反馈线组成，如图 7.18 所示。

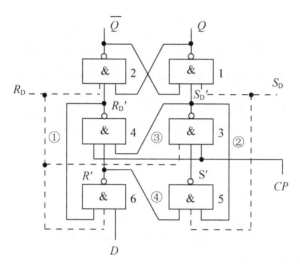

图 7.18　维持-阻塞式 D 触发器

R_D、S_D 为直接置 0、置 1 端，其操作不受 CP 控制，因此也称异步置 0、置 1 端。

维持-阻塞式 D 触发器是在 CP 上升沿到达前接收输入信号；上升沿到达时刻触发器翻转；上升沿以后输入被封锁。因此，维持-阻塞式 D 触发器具有边沿触发的功能，并有效地防止了空翻。波形图如图 7.19 所示。

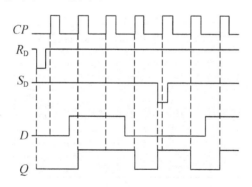

图 7.19　维持-阻塞式 D 触发器波形图

目前，国内生产的集成 D 触发器主要是维持阻塞型。这种 D 触发器都是在时钟脉冲的上升沿触发翻转。常用的集成电路有 74LS74 双 D 触发器、74LS75 四 D 触发器和 74LS76 六 D 触发器等。74LS74 双 D 触发器的引脚排列图和逻辑符号如图 7.20 所示，真值表见表 7-8。

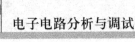

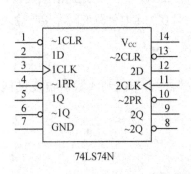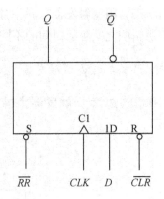

图 7.20　74LS74 双 D 触发器的引脚排列图和逻辑符号图

表 7-8　74LS74 双 D 触发器真值表

D	Q^n	Q^{n+1}
0	0	0
0	1	0
1	0	1
1	1	1

特征方程：$Q^{n+1}=D$

波形图如图 7.21 所示。

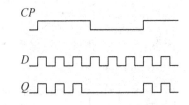

图 7.21　74LS74 双 D 触发器波形图

2. 边沿 JK 触发器

利用门传输延迟时间构成的负边沿 JK 触发器逻辑电路如图 7.22 所示。

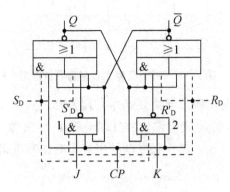

图 7.22　负边沿 JK 触发器

负边沿 JK 触发器是在 CP 下降沿产生翻转，翻转方向决定于 CP 下降前瞬间的 J、K 输入信号。它只要求输入信号在 CP 下降沿到达之前，在与非门 1、2 转换过程中保持不变，而在 $CP=0$ 及 $CP=1$ 期间，J、K 信号的任何变化都不会影响触发器的输出。因此这种触发器比维持–阻塞式触发器在数据输入端具有更强的抗干扰能力，其波形图如图 7.23 所示。

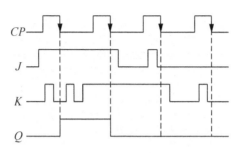

图 7.23　边沿 JK 触发器的理想波形图

　　74LS112 双 JK 触发器：74LS112 双 JK 触发器每片集成芯片包含两个具有复位、置位端的下降沿触发的 JK 触发器，通常用于缓冲触发器、计数器和移位寄存器电路中。74LS112 双 JK 触发器的引脚排列图和逻辑符号如图 7.24 所示。逻辑功能表见表 7-9。

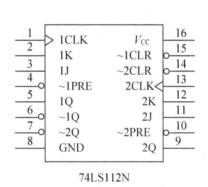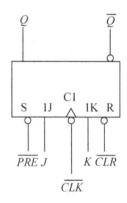

图 7.24　74LS112 双 JK 触发器的引脚排列图和逻辑符号图

表 7-9　逻辑功能表

J	K	Q^{n+1}
0	0	Q^n（保持）
0	1	0（置 0）
1	0	1（置 1）
1	1	（翻转）

　　特征方程：$Q^{n+1}=J\overline{Q^n}+\overline{K}Q^n$

波形图如图 7.25 所示。

JK 触发器特征：全零保持，全 1 翻转；01 置零，10 置 1。

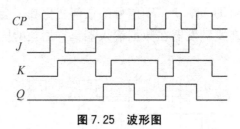

图 7.25　波形图

 动手做做看

1. 测试集成 D 触发器 74LS74 的逻辑功能。

(1) 任取集成电路其中一个 D 触发器，按图 7.26 所示接好线路。

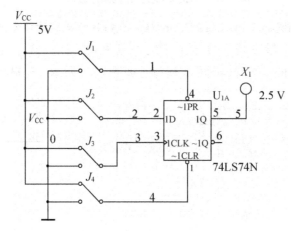

图 7.26　D 触发器功能测试

(2) 按功能表中所示状态设置各开关状态，检查各功能。将输出结果记录下来，并与功能表对照比较，若符合，则功能正确，记录表见表 7-10。

表 7-10　结果记录表

输　入				输出 Q^{n+1}	
D	$\overline{PR}$	$\overline{CLR}$	CP	原态 $Q^n=0$	原态 $Q^n=1$
0	1	1	$0\to1$		
	1	1	$1\to0$		
1	1	1	$0\to1$		
	1	1	$1\to0$		

2. 试用触发器设计两人抢答器，参考电路如图 7.27 所示。

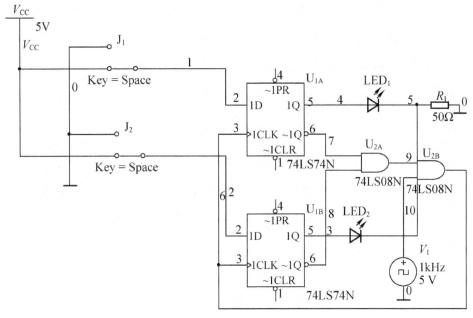

图 7.27　2 人抢答器

任务 7.2　555 定时器的分析与应用

1. 555 定时器电路基本结构

基本组成有 5 部分：分压电路、比较器、基本 RS 触发器、开关管和输出缓冲器。①分压电路：由 3 个 5kΩ 的电阻串联构成；对电源 U_{CC} 进行分压，分别为比较器 C_1 和 C_2 提供参考电压。在控制电压输入端 CO 端悬空时，比较器 C_1 同相输入端的输入电压 $U_+ = U_{R1} = (2/3)V_{CC}$，比较器 C_2 反相输入端的输入电压 $U_- = U_{R2} = (1/3)V_{CC}$。②比较器：$C_1$ 和 C_2 是两个工作在非线性状态的理想运算放大器，当 $U_+ > U_-$ 时，比较器输出高电平(V_{CC})，当 $U_+ < U_-$ 时，比较器输出低电平(0)。③基本 RS 触发器：由两个与非门组成基本 RS 触发器。比较器 C_1 和 C_2 的输出信号决定基本 RS 触发器的输出状态。④开关管 V：由工作在开关状态的晶体管构成。基极为高电平时，V 饱和导通，基极为低电平时，V 截止。⑤输出缓冲器：由非门组成，用于提高电路的带负载能力和抗干扰能力。CB555 定时器的电路结构图和符号如图 7.28(a)和(b)所示。

2. 555 定时器功能

TH 是比较器 C_1 的反相输入端(也称阈值端)，$\overline{TR}$ 是比较器 C_2 的同相输入端(也称触发端)，CB555 功能表见表 7-11。

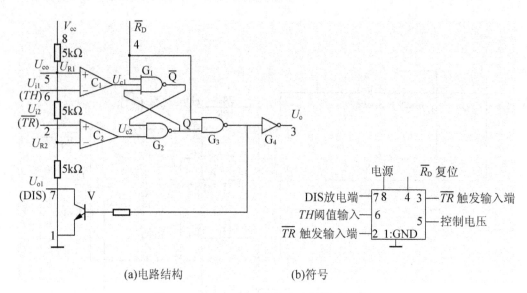

(a)电路结构 (b)符号

图 7.28 CB555 定时器的电路结构图和符号

表 7-11 CB555 的功能表

输 入			输 出	
$\overline{R}_D$	$TH(u_{i1})$	$\overline{TR}(u_{i2})$	u_o	V 状态
0	×	×	低	导通
1	$>(2/3)U_{CC}$	$>(1/3)U_{CC}$	低	导通
1	$<(2/3)U_{CC}$	$>(1/3)U_{CC}$	不变	不变
1	$<(2/3)U_{CC}$	$<(1/3)U_{CC}$	高	截止
1	$>(2/3)U_{CC}$	$<(1/3)U_{CC}$	高	截止

3. 555 定时器基本应用

555 定时器配合不同的外接电路，就可以构成多种应用电路。3 种典型应用电路：施密特触发器、单稳态触发器和多谐振荡器。

1）555 定时器构成施密特触发器

施密特触发器的特点：施密特触发器具有两个稳态，从一种稳态向另一种稳态的翻转取决于输入电压的大小，且输入信号的最大值必须大于电路的上限阈值电压 U_{T+}，输入信号的最小值必须小于电路的下限阈值电压 U_{T-}。这种由输入电压大小决定触发器状态改变的方式称为电平触发。改变回差电压的大小，可以改变输出信号的脉冲宽度。555 定时器接成施密特触发器引脚接线图如图 7.29 所示，其波形图如图 7.30 所示。

（1）施密特触发器电路结构：TH 和 $\overline{TR}$ 端连接在一起，作为电路的输入端 u_i；$\overline{R}_D$ 与 V_{CC} 端接电源；CO 端通过一个 $0.01\mu F$ 的电容接地；555 定时器的输出端作为电路的输出端 u_o。

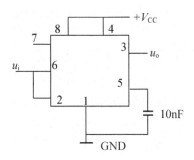

图 7.29　用 555 定时器接成施密特触发器引脚接线图

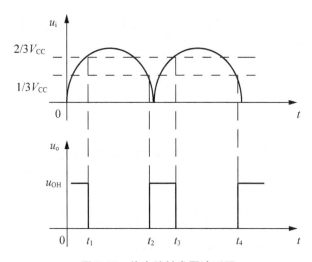

图 7.30　施密特触发器波形图

（2）对于已知的输入信号，施密特触发器输出信号 u_o 的波形分析。

在 u_i 由 0 开始增大的过程中，当 $0 < u_i < (1/3)V_{CC}$ 时，满足 TH 端输入电压小于 $(2/3)V_{CC}$，$\overline{TR}$ 端输入电压小于 $(1/3)V_{CC}$，此时 $u_o =$ "1"（高电平），称此时电路处于第一稳态。当 $(1/3)V_{CC} < u_i < (2/3)V_{CC}$ 时，满足 TH 端输入电压小于 $(2/3)V_{CC}$，$\overline{TR}$ 端输入电压大于 $(1/3)V_{CC}$，输出 u_o 的状态保持不变，此时输出仍是 $u_o =$ "1"。

若 u_i 继续增大至 $u_i > (2/3)V_{CC}$ 时，TH 端输入电压大于 $(2/3)V_{CC}$，$\overline{TR}$ 端输入电压更大于 $(1/3)U_{CC}$，此时输出 $uo =$ "0"（低电平），称电路处于第二稳态。电路的输出电压由 1 跳变到 0 时所对应的输入电压值称为上限阈值电压 U_{T+}：$U_{T+} = (2/3)V_{CC}$。u_i 继续增加到最大后开始减小，当回到 $(1/3)V_{CC} < u_i < (2/3)V_{CC}$ 时，输出 u_o 的状态保持不变，此时输出仍是 $u_o =$ "0"。

当 u_i 继续减小至 $u_i < (1/3)V_{CC}$ 时，$u_o = 1$，电路重新返回第一稳态。输出电压由 0 跳变到 1 时所对应的输入电压值称为施密特触发器的下限阈值电压 U_{T-}：$U_{T-} = (1/3)V_{CC}$。回差电压：$\Delta U_T = U_{T+} - U_{T-}$。

2）555 定时器构成单稳态触发器

单稳态触发器只有一个稳定状态，在没有触发信号输入时，电路处于稳定状态；在触发信号作用下，电路翻转到另一个状态，称为暂稳态。暂稳态经过一段时间后自动回到原来的稳定状态。

(1) 单稳态触发器电路结构：外接电阻 R 和电容 C 构成一个充电回路，电容 C 两端的电压 u_C 是 TH 端的输入信号，有 $u_{TH} = u_C$，$\overline{TR}$ 端的输入信号由外加输入信号 u_i 决定。其引脚连线图如图 7.31 所示，工作波形如图 7.32 所示。

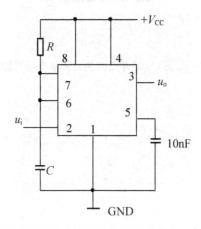

图 7.31　555 定时器构成的单稳态触发器集成电路引脚连线图

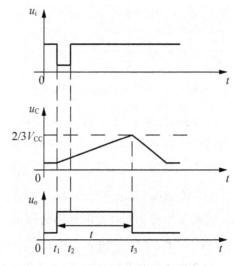

图 7.32　单稳态触发器的工作波形

(2) 单稳态触发器工作原理：无触发信号（u_i = "1"）时，电路处于稳态，V 饱和导通，输出 u_o = "0"。刚接通电源，u_i = "1"[即 $\overline{TR}$ 端输入电压大于 $(1/3)V_{CC}$]，电容电压 $u_C = 0$[即 TH 端输入电压小于 $(2/3)V_{CC}$]，V 饱和导通，电路输出 u_o 的状态保持不变。电源接通后，当输入端输入负脉冲（u_i = "0"）[即 $\overline{TR}$ 端输入电压小于 $(1/3)V_{CC}$]时，V 截止，输出 u_o = "1"，电源 V_{CC} 对电容 C 充电，充电回路是 $V_{CC} \rightarrow R \rightarrow C \rightarrow$ 地。负脉冲触发完毕，仍使输入信号 u_i 回到 1 状态。随着充电过程的进行，电容两端的电压 u_C 不断地增大，当 $u_C > (2/3)V_{CC}$ 时，电路输出低电平，u_o = "0"。V 重新饱和导通，同时为电容 C 提供一个放电回路，由 $V_{CC} \rightarrow R \rightarrow V \rightarrow$ 地。随着放电过程的进行，电容两端的电压 u_C 迅速减小，使 $u_C < 2/3\,V_{CC}$，电路保持在 $u_o=$ "0" 的稳态不变，直到输入端下一个负脉冲的到来。输出脉冲的宽度 t_W 等于电路暂稳态维持的时间 $t_W \approx 1.1RC$。

3）555 定时器构成多谐振荡器

多谐振荡器是一个无稳态电路，它只有两个暂稳态。输出端自动产生矩形脉冲。

多谐振荡器电路结构：555 定时器外接电阻 R_1、R_2 和电容 C 构成多谐振荡器。TH 和 $\overline{TR}$ 端接同一点：$u_{TH}=u_{TR}=u_C$，其集成电路引脚接线图如图 7.33 所示。

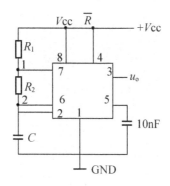

图 7.33　555 定时器构成的多谐振荡器的集成电路引脚接线图

多谐振荡器原理：接通电源的瞬间，$u_{TH}=u_{TR}=u_C=0$，晶体管 V 截止，多谐振荡器输出高电平，$u_o=$ "1"，称为第一暂稳态。同时电源经过电阻 R_1、R_2 和电容 C 到地的回路为电容 C 充电。随着充电过程的进行，u_C 逐渐增大，在 $(1/3)V_{CC} < u_C < (2/3)V_{CC}$ 范围，触发器的状态保持不变；当 $u_C \geq (2/3)V_{CC}$ 时，晶体管 V 饱和导通，输出 $u_o=$ "0"，进入第二暂稳态。电容 C 的充电过程结束，由晶体管 V 经电阻 R_2、电容 C 到地构成放电回路。随着放电过程的进行，当 $u_C \leq (1/3)V_{CC}$ 时，振荡器输出 $u_o=$ "1"，重新回到第一暂稳态，晶体管 V 截止，电容 C 重新充电。第一暂稳态时间 T_1 由电容 C 的充电时间决定，第二暂稳态时间 T_2 由电容 C 的放电时间决定。$T_1 \approx 0.7(R_1+R_2)C$，$T_2 \approx 0.7R_2C$ 输出矩形脉冲的振荡周期：$T=T_1+T_2 \approx 0.7(R_1+2R_2)C$，振荡频率：$f=1/T=1/[0.7(R_1+2R_2)C]$。

例 7-1　试用 555 定时器设计一个振荡频率为 1000Hz 的多谐振荡器，如图 7.34 所示。

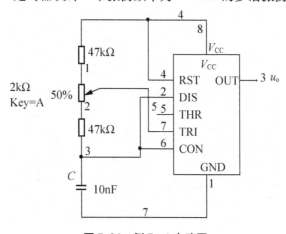

图 7.34　例 7-1 电路图

解：取 $C=0.01\mu F$，$R_1=R_2$ 由式 $f=1/T=1/[0.7(R_1+2R_2)C]$ 可知：$1000=1/(3R_1\times0.01\times10^{-6}\times0.7)$ 得：$R_1=48k\Omega$，因 $R_1=R_2$，所以取两只 $47k\Omega$ 的电阻与一个 $2k\Omega$ 的电位器串联。

动手做做看

用 555 定时器设计 1000Hz 的脉冲信号发生电路，电路图如图 7.35(a) 所示。

（1）参数计算：取 $R_2=R_1$，由 $f=\dfrac{1}{0.7(R_1+2R_2)C}=\dfrac{1}{2.1R_1C}=1000Hz$，得 $R_1C=\dfrac{1000}{2.1}=0.0005$，于是可取 $C=10nf$，$R_2=R_1=50k\Omega$。

（2）连接电路并调试，调试结果如图 7.35(b) 所示。

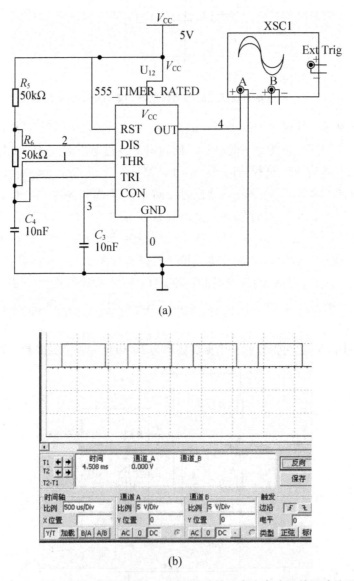

(a)

(b)

图 7.35　用 555 定时器设计的 1000Hz 脉冲信号发生电路及其调试结果

综合任务 八路流水彩灯电路的分析制作与调试

任务 7.1 至任务 7.2 完成了学习情境 7 所需的学习与技能训练，在本环节要求同学们根据以表 7-12～表 7-14 提供的资讯单、决策计划单、实施单完成八路流水彩灯的分析制作与调试。

表 7-12   八路流水彩灯的分析制作与调试资讯单

资讯单			
班级姓名学号		得分	
触发器基础知识			
555 定时器应用			
译码器知识回顾			

表 7-13   八路流水彩灯的分析制作与调试决策计划单

决策计划单		
班级学号姓名		得分	

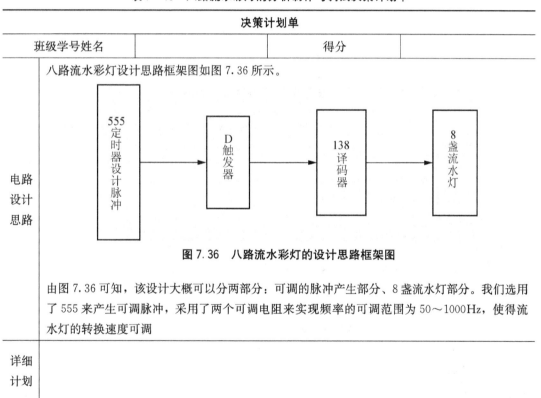

八路流水彩灯设计思路框架图如图 7.36 所示。

图 7.36 八路流水彩灯的设计思路框架图

由图 7.36 可知，该设计大概可以分两部分：可调的脉冲产生部分、8 盏流水灯部分。我们选用了 555 来产生可调脉冲，采用了两个可调电阻来实现频率的可调范围为 50～1000Hz，使得流水灯的转换速度可调

详细计划	
小组分工	

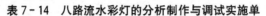

表 7-14　八路流水彩灯的分析制作与调试实施单

实施单		
班级姓名学号		得分

电路设计	1. 用 555 定时器设计可调脉冲：运用振荡周期公式 $T=0.7(R_2+2R_3)C$，已知 $C=0.01\mu F$，$T=1/f$，$R_2=R_3$，要实现两个可调电阻来实现频率的可调范围为 $50\sim1000Hz$，只需用上面公式计算出 R 的值即可。电路如图 7.37 所示。 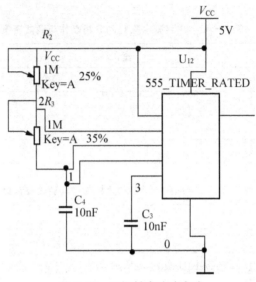 图 7.37　可调触发脉冲电路 2. 8 盏流水灯设计：用 74LS74 触发器接收可调的脉冲信号，并将其输出给 74LS138 译码器，由译码器重新译码将信号输出给 8 盏 LED 灯，使得 8 盏 LED 灯轮流亮
仿真调试	1. 在仿真软件中搭建电路图 2. 对照设计要求观察调试电路功能 （附上截图）
实物组装调试	1. PCB 布线图设计 注：这里附上设计步骤文字说明及对应截图 2. 采购元件 3. 组装焊接 注：这里附上组装过程文字说明及相关图片 4. 功能调试 注：这里附上调试成功的图片
成果展示	1. 撰写设计报告 2. 制作 PPT，展示成果

本学习情境的评分表和评分标准分别见表 7-15 和表 7-16。

表 7-15　学习情境 7 评分表

评分表				
班级学号姓名：	得分合计：		等级评定：	
评价分类列表	比值	小组评分 20%	组间评分 30%	教师评分 50%
单元电路设计	30			
综合实训	资讯	15		
	决策计划	5		
	实施	25		
	检查	5		
	评价	5		
	设计报告	10		
学习态度	5			

表 7-16　评分标准

学习情境 7：简易流水彩灯的设计与调试			
评价分类列表	比值	评分标准	得分
模块电路设计与调试	30	能测试并应用触发器 能应用 555 定时器	
故障指示仪设计与调试	资讯	15	能尽可能全面地收集与学习情境相关的信息	
	决策计划	5	决策方案切实可行、实施计划周详实用	
	实施	25	掌握电路的分析、设计、组装调试等技能	
	检查	5	能正确分析故障原因并排除故障	
	评价	5	能对成果做出合理的评价	
	设计报告	10	按规范格式撰写设计报告	
学习态度	5	学习态度好，组织协调能力强，能组织本组进行积极讨论并及时分享自己的成果，能主动帮助其他同学完成任务	

课后思考与练习

一、单选题

1. 能够存储 0、1 二进制信息的器件是(　　　)。

A. TTL 门　　　　　B. CMOS 门　　　　　C. 触发器　　　　　D. 译码器

2. 触发器是一种（　　　）。

　A. 双稳态电路　　　　B. 单稳态电路　　　C. 无稳态电路　　　D. 三稳态电路

3. 下列触发器中，输入信号直接控制输出状态的是（　　　）。

　A. 基本 RS 触发器　　　　　　　　　B. 钟控 RS 触发器

　C. 主从 JK 触发器　　　　　　　　　D. 维持-阻塞式 D 触发器

4. 使触发器的状态变化分两步完成的触发方式是（　　　）。

　A. 主从触发方式　　　　　　　　　　B. 边沿触发方式

　C. 电平触发方式　　　　　　　　　　D. 维持阻塞触发方式

5. 时钟触发器产生空翻现象的原因是因为采用了（　　　）。

　A. 主从触发方式　　　　　　　　　　B. 边沿触发方式

　C. 电平触发方式　　　　　　　　　　D. 维持阻塞触发方式

6. 下列触发器中，存在一次变化问题的是（　　　）。

　A. 基本 RS 触发器　　　　　　　　　B. 主从 JK 触发器

　C. 主从 RS 触发器　　　　　　　　　D. 维持阻塞 D 触发器

7. RS 触发器中，不允许的输入是（　　　）。

　A. $RS=00$　　　B. $RS=01$　　　C. $RS=10$　　　D. $RS=11$

8. 下列触发器中，具有置 0、置 1、保持、翻转功能的是（　　　）。

　A. RS 触发器　　　B. T 触发器　　　C. JK 触发器　　　D. D 触发器

9. 当输入 $J=K=1$ 时，JK 触发器所具有的功能是（　　　）。

　A. 置 1　　　　　B. 置 0　　　　　C. 保持　　　　　D. 翻转

10. 脉冲整形电路有（　　　）。

　A. 多谐振荡器　　　B. 单稳态触发器　　　C. 施密特触发器　　　D. 555 定时器

11. 多谐振荡器可产生（　　　）。

　A. 正弦波　　　　　B. 矩形脉冲　　　　　C. 三角波　　　　　D. 锯齿波

12. 石英晶体多谐振荡器的突出优点是（　　　）。

　A. 速度高　　　　　　　　　　　　　　B. 电路简单

　C. 振荡频率稳定　　　　　　　　　　　D. 输出波形边沿陡峭

13. 555 定时器可以组成（　　　）。

　A. 多谐振荡器　　　　　　　　　　　　B. 单稳态触发器

　C. 施密特触发器　　　　　　　　　　　D. JK 触发器

14. 用 555 定时器组成施密特触发器，当输入控制端 CO 外接 10V 电压时，回差电压为（　　　）。

　A. 3.33V　　　　　B. 5V　　　　　　C. 6.66V　　　　　D. 10V

15. 以下各电路中，（　　　）可以产生脉冲定时。

　A. 多谐振荡器　　　　　　　　　　　　B. 单稳态触发器

　C. 施密特触发器　　　　　　　　　　　D. 石英晶体多谐振荡器

二、填空题

1. 触发器是双稳态触发器的简称，它由逻辑门加上适当的_____线耦合而成，具有两个互补的输出端 Q 和 $\overline{Q}$。

2. 双稳态触发器有两个基本性质，一是_____，二是_____。

3. 由与非门构成的基本 RS 触发器，正常工作时必须保证输入 R、S 中至少有一个为_____，即必须满足_____约束条件。

4. 触发器有两个输出端 Q 和 $\overline{Q}$，正常工作时 Q 和 $\overline{Q}$ 端的状态_____，以_____端的状态表示触发器的状态。

5. 按结构形式的不同，触发器可分为两大类：一类是没有时钟控制端的_____触发器，另一类是具有时钟控制端的_____触发器。

6. 按逻辑功能划分，触发器可以分为 RS 触发器、_____触发器、_____触发器和_____触发器 4 种类型。

7. 钟控触发器也称同步触发器，其状态的变化不仅取决于_____信号的变化，还取于_____信号的作用。

8. 钟控触发器按结构和触发方式分，有电平触发器、_____触发器、_____触发器和主从触发器 4 种类型。

9. 钟控 RS 触发器的特性方程为：$Q^{n+1} =$ _____、_____（约束条件）。该特征方程反映了在 CP 作用下，钟控 RS 触发器次态 Q^{n+1} 和输入 R、S 及初态 Q^n 之间的逻辑关系，同时也给出了触发器的约束条件。

10. 当 CP 无效时，D 触发器的状态为 $Q^{n+1} =$ _____；当 CP 有效时，D 触发器的状态为 $Q^{n+1} =$ _____。

11. JK 触发器的特性方程为：$Q^{n+1} =$ _____；当 CP 有效时，若 $J = K = 1$，则 JK 触发器的状态为 $Q^{n+1} =$ _____。

12. 负边沿触发器，状态的变化发生在 CP 的_____，在 CP 的其他期间触发器保持原态不变。

13. 主从触发器具有主从结构，以_____方式工作，从而有效地避免了电平式触发器在一个 CP 期间的多次翻转问题。

14. 各种钟控触发器中，不需具备时钟条件的输入信号是_____和_____。

15. JK 触发器的特性方程为 $Q^{n+1} = J\,\overline{Q^n} + \overline{K}Q^n$，当 CP 有效时，若 $Q^n = 0$，则 $Q^{n+1} =$ _____；若 $Q^n = 1$，则 $Q^{n+1} =$ _____。

三、简答题

1. 设计一个三路彩灯控制电路，3 盏灯依次点亮后又依次熄灭，反复循环这个过程，效果如图 7.38 所示。

2. 用 D 触发器设计八进制计数器，效果如图 7.39 所示。

参考电路如图 7.40 所示。

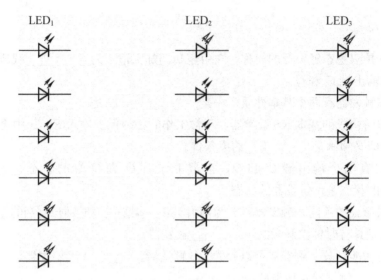

图 7.38   三路彩灯电路(一个完整的工作过程)

图 7.39   八进制计数器计数效果

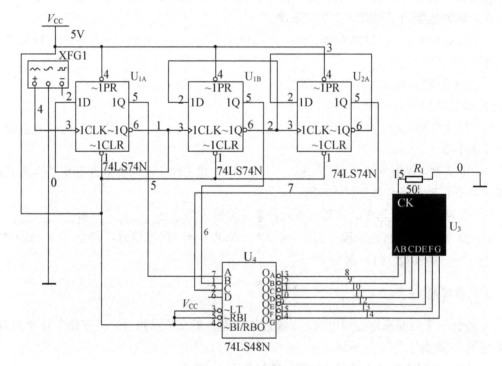

图 7.40   八进制计数器

3. 设计十路流水彩灯，要求 10 盏灯依次轮流点亮，参考电路如图 7.41 所示。

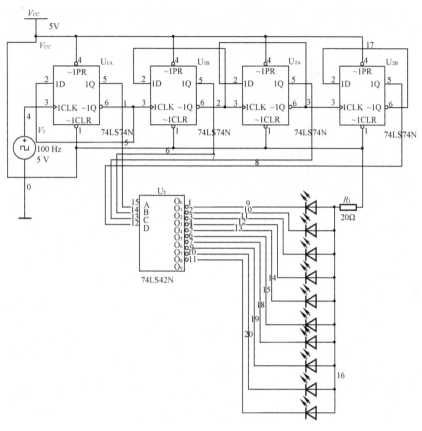

图 7.41　十路流水彩灯

4. 由 555 定时器构成的单稳态触发器的脉冲宽度如何计算?

5. 图 7.42 所示电路为由 555 定时器构成的多谐振荡器，已知 $V_{CC} = 10V$，$C = 0.01\mu F$，求振荡周期 T，并画出相应的 μ_o 和 μ_o 的波形。

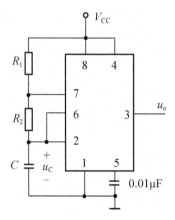

图 7.42　由 555 定时器构成的多谐振荡器

6. 图 7.43 所示电路是由 555 定时器构成的路灯照明自动控制电路。R 为光敏电阻，受光照时电阻值小，无光照时电阻值很大。利用继电器 KA 的常开触点去控制路灯。试分析其工作原理，并说明 555 在此电路中构成什么型式的电路？R_P 在电路中起什么作用？

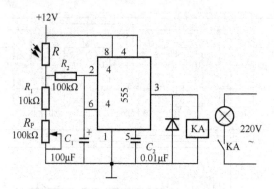

图 7.43 路灯照明自动控制电路

学习情境 8

数字钟的设计与调试

⤷ 学习目标

能力目标：会识别和测试常用计数器集成芯片；会用 555 定时器或石英晶体振荡器设计调试秒脉冲电路；能用设计并调试十进制、二十四进制、六十进制计数器。

知识目标：掌握 555 定时器的功能及基本应用设计；掌握常用计数器的功能及基本应用设计；掌握石英晶体多谐振荡器的基本应用设计；掌握常用计数器的功能及基本应用设计。

⤷ 学习情境背景

日常生活中少不了计时，最常见的计时器有时钟、定时器、秒表等。另外，在很多电子产品中为了实现某项计时功能，也往往附带计时模块。数字钟是采用数字电路实现对时、分、秒进行数字显示的计时装置，在家庭、车站、码头、办公室等公共场所得到广泛的应用，几乎成为人们日常生活中必不可收少的电子产品。由于数字集成电路的发展和石英振荡器的广泛应用，使得数字钟的精度远远超过老式钟表，钟表的数字化给人们生产生活带来了极大的方便，本情境模拟实际数字钟的功能设计了一个简易的数字钟，图 8.1 举例给出了日常生活中接触到的几种数字钟，本情境设计的数字钟电路如图 8.2 所示。

图 8.1　数字钟实物

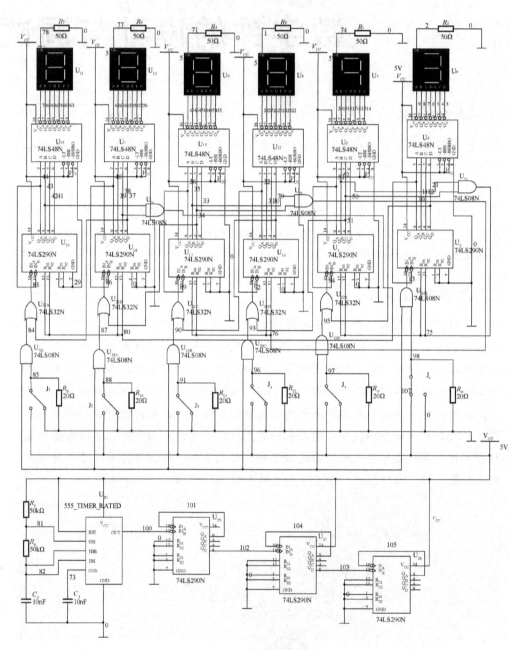

图 8.2　数字钟原理图

学习情境组织

本学习情境应用计数器、555定时器或石英晶体振荡器、译码器、逻辑门芯片设计简易的数字钟，学习情境可由为两个单元任务和一个综合实训，具体内容组织见表8-1。

表8-1 学习情境8内容组织

学习情境8：数字钟的设计与调试			
	比值	子任务	得分
单元任务	30	任务8.1 时序逻辑电路的分析与设计	
		任务8.2 计数器的识别与应用	
流水彩灯的设计与调试	资讯 15	能尽可能全面地收集与学习情境相关的信息	
	决策计划 10	决策方案切实可行、实施计划周详实用	
	实施 25	掌握电路的分析、设计、组装调试等技能	
	检查 5	能正确分析故障原因并排除故障	
	评价 5	能对成果做出合理的评价	
	设计报告 10	撰写规范的设计报告	
学习态度	5	学习态度好，组织协调能力强，能组织本组进行积极讨论并及时分享自己的成果，能主动帮助其他同学完成任务	

课 前 预 习

1．阐述74LS161（异步清零）/74LS163（同步清零）计数器的引脚排列和功能。
2．阐述74LS290计数器的引脚排列和功能。
3．阐述N进制计数器的设计方法。
4．如何用计数器或触发器实现分频？
5．如何用74LS290构成二、五十进制计数器？
6．除了555定时器构成多谐振荡器外，还有其他哪些类型？各类型的电路结构和工作原理分别是怎样的？
7．什么是石英晶体多谐振荡器？画出电路图，该振荡器的振荡频率由谁决定？
8．举例说明如何分析时序逻辑电路。
9．举例说明如何设计符合要求的时序逻辑电路。

任务 8.1　时序逻辑电路的分析与设计

时序逻辑电路是指在某一给定时刻的输出不仅取决于该时刻电路的输入还取决于前一时刻电路的状态。

8.1.1　时序逻辑电路的基本概念

时序逻辑电路的基本结构框图如图 8.3 所示。

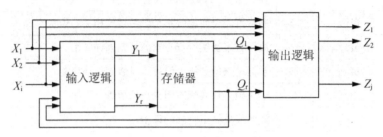

图 8.3　时序逻辑电路的基本结构框图

由结构框图可得：输出方程 $Z=F_1(X，Q^n)$；驱动方程 $Y=F_2(X，Q^n)$；状态方程 $Q^{n+1}=F_3(Y，Q^n)$。由此可看出，时序逻辑电路具有以下特点：电路由组合电路与触发器构成；电路的状态与时间顺序有关。时序逻辑电路分为同步时序逻辑电路(各触发器由同一时钟脉冲触发)和异步时序逻辑电路(各触发器触发脉冲不相同)。时序逻辑电路功能的描述方法有逻辑方程式、状态图、状态表、波形图等。

8.1.2　时序逻辑电路的分析

所谓分析，是指已知逻辑电路图，求其输出 Z 的变化规律，以及电路状态 Q 的转换规律，从而说明时序逻辑电路的逻辑功能和工作特性。时序逻辑电路分析的一般步骤如图 8.4 所示。

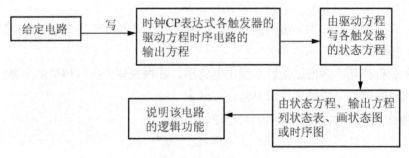

图 8.4　时序逻辑电路分析的一般步骤

例 8-1　分析如图 8.5 所示的时序逻辑电路。

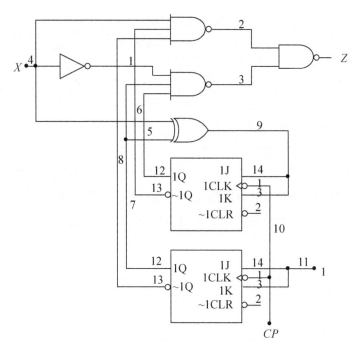

图 8.5　时序逻辑电路

（1）写出时序电路的各逻辑方程式。

驱动方程：$J_1=K_1=1$，$J_2=K_2=X\oplus Q_1^n$

输出方程：$Z=\overline{\overline{X\,\overline{Q_1^n}\,\overline{Q_2^n}}\cdot\overline{\overline{X}Q_1^nQ_2^n}}=X\,\overline{Q_1^n}\,\overline{Q_2^n}+\overline{X}Q_1^nQ_2^n$

（2）将驱动方程代入 JK 触发器特性方程，得到状态方程如下。

$$Q_2^{n+1}=(X\oplus Q_1^n)\overline{Q_2^n}+(\overline{X\oplus Q_1^n})Q_2^n$$

$$Q_1^{n+1}=1\cdot\overline{Q_1^n}+\overline{1}\cdot Q_1^n=\overline{Q_1^n}$$

（3）列出状态转换真值表，画出状态转换图如图 8.6 所示。

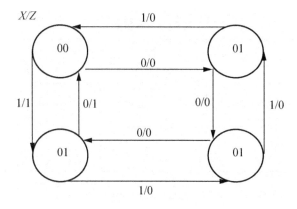

图 8.6　状态转移图

真值表见表 8-2。

表 8-2　真值表

现态 $Q_2^n Q_1^n$	次态 $Q_2^{n+1} Q_1^{n+1}$/输出 Z	
	$X=0$	$X=1$
00	10/0	11/1
01	10/0	00/0
10	11/0	01/0
11	00/1	10/0

（4）电路的逻辑功能分析：由状态图可知，是一个二进制可逆计数器。

例 8-2　分析如图 8.7 所示的异步时序逻辑电路的逻辑功能。

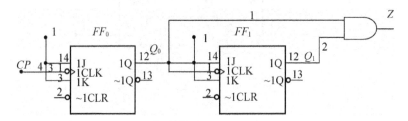

图 8.7　异步时序逻辑电路

（1）写出时序电路的各逻辑方程式。

时钟方程：$CP_0 = CP$，$CP_1 = Q_0^n$

驱动方程：$J_0 = K_0 = 1$，$J_1 = K_1 = 1$

输出方程：$Z = Q_1^n Q_0^n$

（2）将驱动方程代入 JK 触发器特征方程，得到状态方程。

$$Q_0^{n+1} = \overline{Q_0^n}（CP \text{ 由 } 1{\to}0 \text{ 时有效}），\quad Q_0^{n+1} = \overline{Q_0^n}（Q_0^n \text{ 由 } 1{\to}0 \text{ 时有效}）$$

（3）列出状态转换真值表见表 8-3（难点），画出状态转换图如图 8.8 所示，波形图如图 8.9 所示。

表 8-3　真值表

现态 $Q_1^n Q_0^n$	次态 $Q_1^{n+1} Q_0^{n+1}$	FF_0 $CP_0 = CP$	FF_1 $CP_1 = Q_0^n$	输出 Z
00	01	↓	↑	0
01	10	↓	↓	0
10	11	↓	↑	0
11	00	↓	↓	1

（4）电路的逻辑功能分析：由状态图或时序图可知，在 CP 脉冲作用下，$Q_1 Q_0$ 的数值从 00 到 11 递增，每经过 4 个 CP 脉冲作用后，$Q_1 Q_0$ 循环一次。同时在输出端产生一个进位输出脉冲 Z。故该电路是一个四进制加计数器。

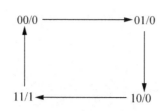

图 8.8 状态转换图

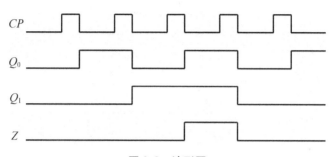

图 8.9 波形图

8.1.3 同步时序逻辑电路的设计

同步时序逻辑电路的设计步骤如下。

(1) 由给定的逻辑功能求出原始状态图(逻辑抽象)(难点)。

① 分析电路的输入条件和输出要求,确定输入变量、输出变量及该电路应包含的状态,并用字母 S_0、S_1、… 表示这些状态。

② 分别以上述状态为现态,确定在每一个可能的输入组合作用下应转移到哪个状态及相应的输出,即可求出原始状态图。

(2) 状态化简:对原始状态图进行化简,合并等效状态,使设计出来的电路得到简化。

(3) 状态编码、并画出编码后的状态图和状态表。采用的状态编码方案不同,最终所得到的电路形式也不同。

(4) 选择触发器的类型及个数。触发器的个数 n 应满足 $n \geq \log_2 M$,M 为状态的数目。

(5) 求出电路的输出方程和各触发器的驱动方程。

(6) 画出电路的逻辑电路图,并检查自启动能力。

例 8-3 试设计一个同步 8421 码的十进制加法计数器,采用 JK 触发器实现。

解:(1) 根据设计要求可知,该电路没有输入信号,有一个输出信号 Z 表示进位信号。可直接得到状态图如图 8.10 所示。

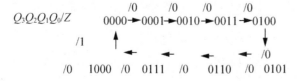

图 8.10 状态图

（2）由此状态图得到相应的输出方程及卡诺图（图 8.11）。

输出方程：$Z = Q_3^n Q_0^n$

$Q_1^n Q_0^n$ \ $Q_3^n Q_2^n$	00	01	11	10
00	0001	0101	××××	1001
01	0010	0110	××××	0000
11	0100	1000	××××	××××
10	0011	0111	××××	××××

(a) 总态卡诺图

$Q_1^n Q_0^n$ \ $Q_3^n Q_2^n$	00	01	11	10
00	0	0	×	1
01	0	0	×	0
11	0	1	×	×
10	0	0	×	×

(b) 次态卡诺图1

$Q_1^n Q_0^n$ \ $Q_3^n Q_2^n$	00	01	11	10
00	0	1	×	0
01	0	1	×	0
11	1	0	×	×
10	0	1	×	×

(c) 次态卡诺图2

图 8.11　卡诺图

由卡诺图得状态方程为

$$Q_3^{n+1} = Q_2^n Q_1^n Q_0^n \cdot \overline{Q_3^n} + \overline{Q_0^n} \cdot Q_3^n$$

$$Q_2^{n+1} = \overline{Q_2^n} Q_1^n Q_0^n + Q_2^n \overline{Q_1^n} + Q_2^n \overline{Q_0^n} = Q_1^n Q_0^n \cdot \overline{Q_2^n} + \overline{Q_1^n Q_0^n} \cdot Q_2^n$$

$$Q_1^{n+1} = \overline{Q_3^n} Q_0^n \cdot \overline{Q_1^n} + \overline{Q_0^n} \cdot Q_1^n$$

$$Q_0^{n+1} = \overline{Q_0^n} = 1 \cdot \overline{Q_0^n} + \overline{1} \cdot Q_0^n$$

（3）由上述状态方程可得各触发器的驱动方程。

$$\begin{cases} J_0 = K_0 = 1 \\ J_1 = \overline{Q_3^n} Q_0^n, \ K_1 = Q_0^n \\ J_2 = K_2 = Q_1^n Q_0^n \\ J_3 = Q_2^n Q_1^n Q_0^n, \ K_3 = Q_0^n \end{cases}$$

学习情境8 数字钟的设计与调试

（4）由上述驱动方程即可得到同步十进制加法计数器的逻辑电路图8.12。将无效状态1010～1111分别代入状态方程进行计算，可以验证在 CP 脉冲作用下都能回到有效状态，因此该电路能够自启动。

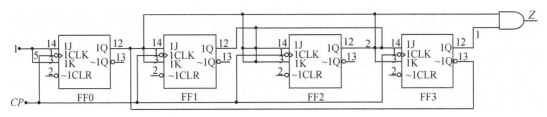

图 8.12　逻辑电路图

任务 8.2　计数器的识别与应用

在数字电路中，能够记忆输入脉冲个数的电路称为计数器。计数器按步长分，有二进制、十进制和 N 进制计数器；按计数增减趋势分，有加计数、减计数和的可逆计数器；按计数器中各触发器的翻转是否同步，有同步计数器和异步计数器。二进制计数器即按二进制计数进位规律进行计数的计数器。

8.2.1　4位二进制计数器

1. 4 位二进制加法计数器的计数规律

每来一个 CP，计数器加 1，规律表见表 8-4，波形图如图 8.13 所示。

表 8-4　4位二进制加法计数器的计数规律表

CP	Q_3	Q_2	Q_1	Q_0	CP	Q_3	Q_2	Q_1	Q_0
0	0	0	0	0	9	1	0	0	1
1	0	0	0	1	10	1	0	1	0
2	0	0	1	0	11	1	0	1	1
3	0	0	1	1	12	1	1	0	0
4	0	1	0	0	13	1	1	0	1
5	0	1	0	1	14	1	1	1	0
6	0	1	1	0	15	1	1	1	1
7	0	1	1	1	16	0	0	0	0
8	1	0	0	0					

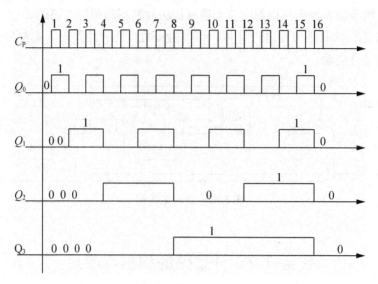

图 8.13 4 位同步二进制加法计数器波形图

2. 4 位同步二进制加法计数器芯片

1) 74LS161(异步清零)/174LS163(同步清零)

74L4161 的引脚排列如图 8.14 所示，逻辑功能见表 8-5 和表 8-6。

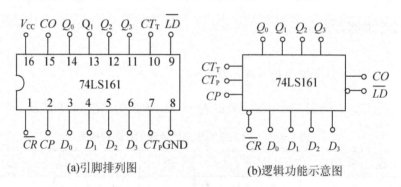

(a)引脚排列图   (b)逻辑功能示意图

图 8.14 74L4161 的引脚排列

表 8-5 74L4161 功能表

输 入		输 出		说 明
$\overline{CR}$ $\overline{LD}$ CT_P CT_T CP	$D_3 D_2 D_1 D_0$	$Q_3 Q_2 Q_1 Q_0$	CO	
0 × × × ×	××××	0000	0	异步置 0
1 0 × × ↑	$d_3 d_2 d_1 d_0$	$d_3 d_2 d_1 d_0$		$CO=CT_T Q_3 Q_2 Q_1 Q_0$
1 1 1 1 ↑	××××	计数		$CO=Q_3 Q_2 Q_1 Q_0$
1 1 0 × ×	××××	保持		$CO=CT_T Q_3 Q_2 Q_1 Q_0$
1 1 × 1 ×	××××	保持	0	

说明：当$\overline{CR}=0$时，异步清零；当$\overline{CR}=1$，$\overline{LD}=0$时同步置数；当$\overline{CR}=\overline{LD}=1$且$CT_P$ $=CP_P=1$时，按照4位自然二进制码进行同步二进制计数；$\overline{CR}=\overline{LD}=1$且$CT_P \cdot CP_P=0$时，计数器状态保持不变。

74LS163的引脚排列和74LS161相同，不同之处是74LS163采用同步清零方式。

表 8-6　74L4163 功能表

输　　入		输　　出		说　　明
$\overline{CR}\ \overline{LD}\ CT_P\ CT_T\ CP$	$D_3 D_2 D_1 D_0$	$Q_3 Q_2 Q_1 Q_0$	CO	
0×　×　×　↑	××××	0000	0	同步置0
1　0×　×　↑	$d_3 d_2 d_1 d_0$	$d_3 d_2 d_1 d_0$		$CO=CT_T Q_3 Q_2 Q_1 Q_0$
1　1　1　1　↑	××××	计数		$CO=Q_3 Q_2 Q_1 Q_0$
1　1　0　×　×	××××	保持		$CO=CT_T Q_3 Q_2 Q_1 Q_0$
1　1×　1　×	××××	保持	0	

2）双4位集成二进制同步加法计数器CC4520

双4位集成二进制同步加法计数器引脚排列图如图8.15(a)所示，逻辑功能图如图8.15(b)所示。

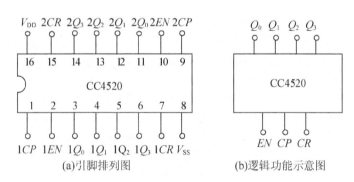

图8.15　双4位集成二进制同步加法计数器CC4520引脚排列和逻辑功能图

说明：$CR=1$时，异步清零；$CR=0$、$EN=1$时，在CP脉冲上升沿作用下进行加法计数；$CR=0$、$CP=0$时，在EN脉冲下降沿作用下进行加法计数；$CR=0$、$EN=0$或$CR=0$、$CP=1$时，计数器状态保持不变。

3）4位集成二进制可逆计数器74LS191/74LS193

4位集成二进制同步可逆计数器74LS191引脚排列和逻辑功能图分别如图8.16(a)和(b)所示。

说明：$\overline{U}/D$是加减计数控制端；$\overline{CT}$是使能端；$\overline{LD}$是异步置数控制端；$D_0 \sim D_3$是并行数据输入端；$Q_0 \sim Q_3$是计数器状态输出端；CO/BO是进位借位信号输出端；$\overline{RC}$是多个芯片级联时级间串行计数使能端，$\overline{CT}=0$，$CO/BO=1$时，$\overline{RC}=CP$，由RC端产生的输出进位脉冲的波形与输入计数脉冲的波形相同。4位集成二进制同步可逆计数器74LS193引脚排列和逻辑功能图分别如图8.17(a)和图8.17(b)所示。

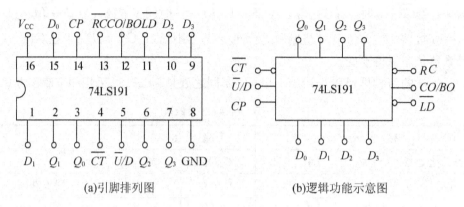

(a)引脚排列图　　　　　　(b)逻辑功能示意图

图 8.16　4 位集成二进制同步可逆计数器 74LS191 引脚排列和逻辑功能图

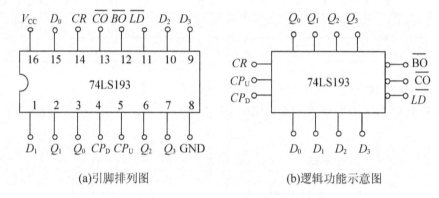

(a)引脚排列图　　　　　　(b)逻辑功能示意图

图 8.17　4 位集成二进制同步可逆计数器 74LS193 引脚排列和逻辑功能图

说明：CR 是异步清零端，高电平有效；$\overline{LD}$ 是异步置数端，低电平有效；CP_U 是加法计数脉冲输入端；CP_D 是减法计数脉冲输入端；$D_0 \sim D_3$ 是并行数据输入端；$Q_0 \sim Q_3$ 是计数器状态输出端；$\overline{CO}$ 是进位脉冲输出端；$\overline{BO}$ 是借位脉冲输出端；多个 74LS193 级联时，只要把低位的 $\overline{CO}$ 端、$\overline{BO}$ 端分别与高位的 CP_U、CP_D 连接起来，各个芯片的 CR 端连接在一起，$\overline{LD}$ 端连接在一起，就可以了。

8.2.2　十进制计数器

按十进制计数进位规律进行计数的计数器。8421 码十进制加法计数器计数规律见表 8-7。

表 8-7　8421 码十进制加法计数器计数规律

计数顺序	计数器状态			
	Q_3	Q_2	Q_1	Q_0
0	0	0	0	0
1	0	0	0	1
2	0	0	1	0
3	0	0	1	1

续表

计数顺序	计数器状态			
	Q_3	Q_2	Q_1	Q_0
4	0	1	0	0
5	0	1	0	1
6	0	1	1	0
7	0	1	1	1
8	1	0	0	0
9	1	0	0	1
10	0	0	0	0

1. 同步十进制加法计数器 CD4518

CD4518 内含两个功能完全相同的十进制计数器。每一计数器，均有两时钟输入端 CP 和 EN。时钟上升沿触发，CP 输入，EN 置高电平；时钟下降沿触发，EN 输入，CP 置低电平。CR 为清零端，高电平有效，CD4518 集成块功能表见表 8 - 8。

表 8 - 8　CD4518 集成块功能表

输入	CR	1	0	0	0	0	0	0
	CP	×	↑	0	↓	↓	↑	1
	EN	×	1	↓	×	↑	0	↓
输出	全 0		加计数		保持			

CD4518

2. 异步二-五-十进制计数器

74LS290 的引脚图与功能表见表 8 - 9。

表 8 - 9　74LS290 的引脚图与功能表

输入			输出				说明
$R_{OA} \cdot R_{OB}$	$S_{9A} \cdot S_{9B}$	CP	Q_3	Q_2	Q_1	Q_0	
1	0	×	0	0	0	0	置 0
0	1	×	1	0	0	1	置 9
0	1	↓	计数				

74LS290N

说明：异步置 0 功能：当 $R_0 = R_{0A} \cdot R_{0B} = 1$，$S_9 = S_{9A} \cdot S_{9B} = 0$ 时，计数器异步置 0；异步置 9 功能：当 $S_9 = S_{9A} \cdot S_{9B} == 1$，$R_0 = R_{0A} \cdot R_{0B} = 0$ 时，计数器异步置 9；计数功能：当 $R_{0A} \cdot R_{0B} = 0$ 且 $S_{9A} \cdot S_{9B} = 0$ 时，在时钟下降沿进行计数。基本工作如下状态。

（1）二进制计数如图 8.18 所示：将计数脉冲由 CP_0 输入，由 Q_0 输出。

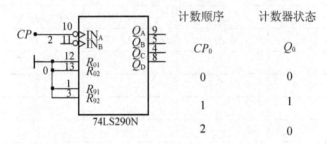

图 8.18　74LS290 二进制计数

（2）五进制计数如图 8.19 所示：将计数脉冲由 CP_1 输入，由 Q_3、Q_2、Q_1 输出。

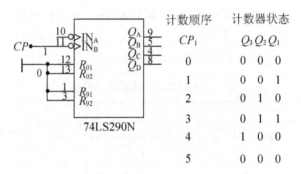

图 8.19　74LS290 五进制计数

（3）8421BCD 码十进制计数如图 8.20 所示：将 Q_0 与 CP_1 相连，计数脉冲 CP 由 CP_0 输入。

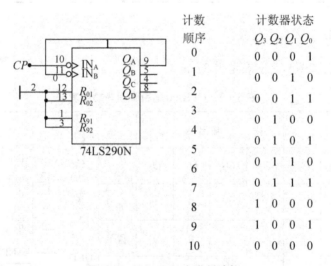

图 8.20　74LS290 十进制计数

（4）N 进制计数器：用级联法实现 N 进制计数，如图 8.21 所示。

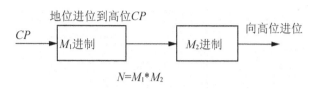

$$N=M_1*M_2$$

图 8.21 用级联（相当于串行进位）法实现 N 进制计数器（异步）

8.2.3 N 进制计数器

利用现有的成品计数器外加适当的电路连接成任意进制计数器。用 M 进制集成计数器构成 N 进制计数器时，如果 $M>N$，则只需一片 M 进制计数器；如果 $M<N$，则要多片 M 进制计数器。N 进制计数器的设计方法有以下几种。

反馈清零法：适用于有清零输入端的集成计数器。原理是不管输出处于哪一状态，只要在清零输入端加一有效电平电压，输出会立即从那个状态回到 0000 状态，清零信号消失后，计数器又可以从 0000 开始重新计数。

反馈置数法：适用于具有预置功能的集成计数器。对于具有预置数功能的计数器而言，其计数过程中，可以将它输出的任意一个状态通过译码，产生一个预置数控制信号反馈至预置数控制端，在下一个 CP 脉冲作用后，计数器会把预置数输入端 A、B、C、D 的状态置入输出端。预置数控制信号消失后，计数器就从被置入的状态开始重新计数。

用同步清零端或置数端归零构成 N 进制计数器的步骤：写出状态 S_{N-1} 的二进制代码；求归零逻辑，即求同步清零端或置数控制端信号的逻辑表达式；画连线图。

用异步清零端或置数端归零构成 N 进制计数器：写出状态 S_N 的二进制代码；求归零逻辑，即求异步清零端或置数控制端信号的逻辑表达式；画连线图。

在前面介绍的集成计数器中，清零、置数均采用同步方式的有 74LS163；均采用异步方式的有 74LS193、74LS197、74LS192；清零采用异步方式、置数采用同步方式的有 74LS161、74LS160；有的只具有异步清零功能，如 CC4520、74LS190、74LS191；74LS90 则具有异步清零和异步置 9 功能。

例 8 - 4 74LS163 来构成一个十二进制计数器。

（1）写出状态 S_{N-1} 的二进制代码：$S_{N-1}=S_{12-1}=S_{11}=1011$。

（2）求归零逻辑：$\overline{CR}=\overline{LD}=\overline{P}_{N-1}=\overline{P}_{11}$，$P_{N-1}=P_{11}=Q_3^n Q_1^n Q_0^n$。

（3）画连线图如图 8.22 所示。

注：图 8.22(a) 中 $D_0\sim D_3$ 可随意处理，图 8.22(b) 中 $D_0\sim D_3$ 必须都接 0。

例 8 - 5 用 74LS161 来构成一个十二进制计数器如图 8.23 所示（用异步清零端 $\overline{CR}$ 归零）。

$$S_N=S_{12}=1100，\overline{CR}=\overline{Q_3^n Q_2^n}$$

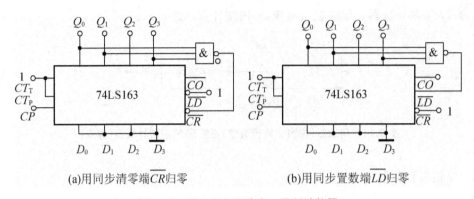

(a)用同步清零端$\overline{CR}$归零　　　　　　(b)用同步置数端$\overline{LD}$归零

图 8.22　74LS163 设计十二进制计数器

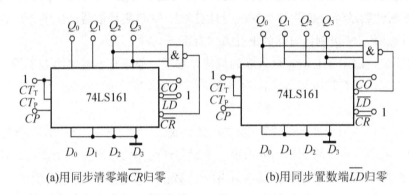

(a)用同步清零端$\overline{CR}$归零　　　　　　(b)用同步置数端$\overline{LD}$归零

图 8.23　74LS161 设计十二进制计数器

例 8-6　用两片 74LS161 构成 8 位二进制（256 进制）同步计数器如图 8.24 所示。

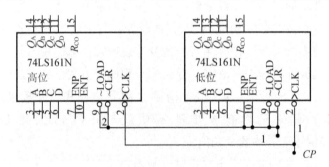

图 8.24　256 进制计数器

在低位片计至"15"之前，CO 低 $=0$，禁止高位片计数；当计至"15"时，CO 低 $=1$，允许高位片计数，这样，第 16 个脉冲来时，低位片返回"0"，而高位片计数一次。每逢 16 的整数倍个脉冲来时，低位片均返回"0"，而高位片计数一次。因此，实现了 8 位二进制加法计数。

例 8-7　用 74LS290 构成七进制计数器、六进制计数器和二十三进制计数器。

七进制计数器：先构成 8421BCD 码的 10 进制计数器；再用脉冲反馈法，令 $R_{0B}=Q_2Q_1Q_0$ 实现。当计数器出现 0111 状态时，计数器迅速复位到 0000 状态，然后又开始从 0000 状态计数，从而实现 0000～0110 七进制计数。如图 8.25 所示。

六进制计数器如图 8.26 所示：先构成 8421BCD 码的 10 进制计数器；再用脉冲反馈法，令 $R_{0A}=Q_2$，$R_{0B}=Q_1$。当计数器出现 0110 状态时，计数器迅速复位到 0000 状态，然后又开始从 0000 状态计数，从而实现 0000～0101 六进制计数。

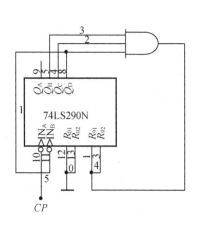

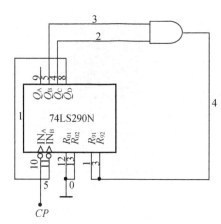

图 8.25 七进制计数器　　　　　　图 8.26 六进制计数器

二十三进制计数器如图 8.27 所示：先将两片接成 8421BCD 码十进制的 CT74LS290 级联组成 $10×10＝100$ 进制异步加法计数器。再将状态"0010 0011"通过反馈与门输出至异步置 0 端，从而实现二十三进制计数器。

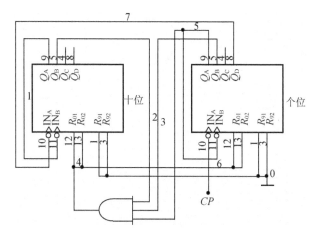

图 8.27 二十三进制计数器

🔧 动手做做看

1. 用集成计数器 74LS161 的同步置数功能设计十进制计时器，并仿真调试其效果。

(1) 计算 $S_9＝1001$。

(2) 给出反馈逻辑函数式 $=\overline{Q_D Q_A}$。

(3) 连接电路图如图 8.28 所示。

2. 用集成计数器 74LS161 的异步清零功能设计十进制计时器，并仿真调试其效果。

(1) 计算 $S_{10}＝1010$。

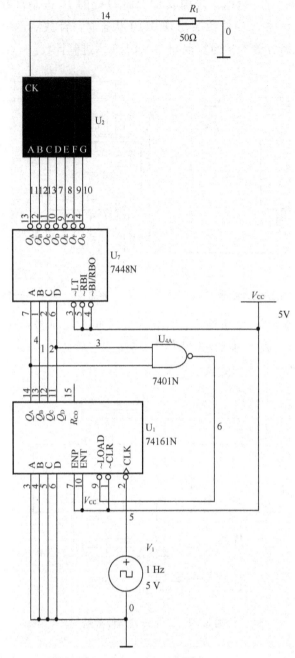

图 8.28 集成计数器 74LS161 的同步置数功能设计十进制计时器

（2）给出反馈逻辑函数式 $=\overline{Q_{D}Q_{B}}$。

（3）连接电路图如图 8.29 所示。

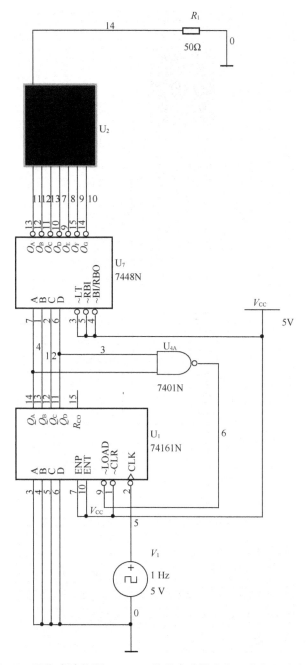

图8.29　用集成计数器74LS161的异步清零功能设计十进制计时器

3. 用集成计数器 74LS290 设计八进制计时器，并仿真调试其效果。

（1）计算 $S_8 = 1000$。

（2）给出反馈逻辑函数式 $= Q_D$。

（3）连接电路图如图 8.30 所示。

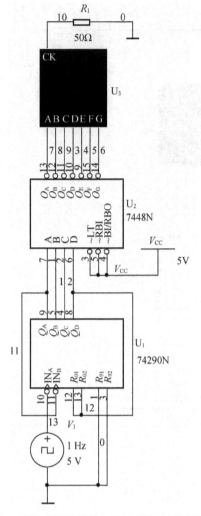

图 8.30　用集成计数器 74LS290 设计八进制计时器

4. 用石英晶体振荡器设计 1Hz 脉冲信号。

(1) 设计思路。

采用 $32768(2^{15}=2^4\times2^4\times2^4\times2^3=16\times16\times16\times8)$ Hz 的石英晶体振荡器，经过 74LS161 三级 16 分频再经一级 8 分频后获得 1Hz 秒脉冲。

(2) 电路如图 8.31 所示。

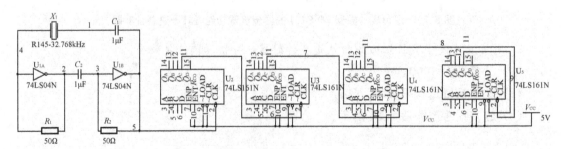

图 8.31　用石英晶体振荡器设计 1Hz 脉冲信号

综合任务 数字钟的分析制作与调试

任务 8.1 至任务 8.2 完成了学习情境 8 所需的学习与技能训练，在本环节要求同学们根据以表 8-10～表 8-12 提供的资讯单、决策计划单、实施单完成数字钟的分析制作与调试。

表 8-10 数字钟的分析制作与调试资讯单

资讯单			
班级姓名学号		得分	
74LS290 芯片的功能及应用			
74LS161 芯片的功能及应用			
555 定时器的功能及应用			
石英晶体振荡器			
触发器或计数器分频电路			

表 8-11 数字钟的分析制作与调试决策计划单

决策计划单			
班级学号姓名		得分	

数字钟的设计思路框架图如图 8.32 所示。

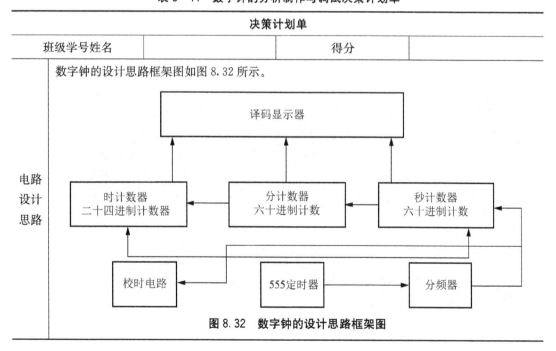

图 8.32 数字钟的设计思路框架图

续表

决策计划单

班级学号姓名		得分	
电路设计思路	由图 8.32 可知，该设计大概可以分 4 部分：秒脉冲产生部分、计数部分、显示部分、校时部分。在秒脉冲产生部分中，可以用振荡器或者 555 定时器予以实现，为了保证准确性，优先选用振荡器，这里选用了 555 定时器来产生秒脉冲。同学们设计时可以用晶体振荡器，在计数电路中，采用 74LS290 计数器；在显示部分，采用 74LS48N 芯片结合数码管来实现；最后的校时部分用逻辑门电路实现		
详细计划			
小组分工			

表 8-12　数字钟的分析制作与调试实施单

实施单

班级学号姓名		得分	

电路设计

1. 设计秒脉冲

先用 555 定时器设计 1000Hz 脉冲，然后通过十进制计数器进行 3 次 10 分频得到 1Hz 秒脉冲。可参考图 8.33，但建议自己设计时用石英晶体振荡器实现

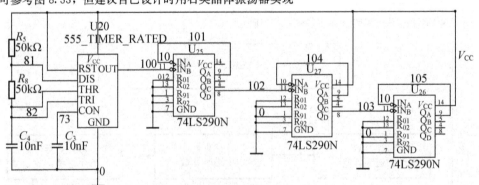

图 8.33　秒脉冲设计图

2. 分别设计六十进制和二十四进制计数器进行秒、分、时计数

3. 设计校时电路

实施单

班级学号姓名		得分	

仿真调试	1. 依次秒、分、时调试，仿真调试时为了观看方便，可以用 100Hz 的虚拟脉冲代替实际 1Hz 的脉冲 2. 调试秒脉冲信号 3. 接上校时电路后调试完整电路，调试时为了观察方便，可用 100Hz 的信号调试 （附上截图）
实物组装调试	1. PCB 布线图设计 注：这里附上设计步骤文字说明及对应截图 2. 采购元件 3. 组装焊接 注：这里附上组装过程文字说明及相关图片 4. 功能调试 注：这里附上调试成功的图片
成果展示	1. 撰写设计报告 2. 制作 PPT，展示成果

本学习情境的评分表和评分标准分别见表 8-13 和表 8-14。

表 8-13 学习情境 8 评分表

评分表

班级学号姓名：		得分合计：		等级评定：	
评价分类列表		比值	小组评分 20%	组间评分 30%	教师评分 50%
单元电路设计		30			
综合实训	资讯	15			
	决策计划	5			
	实施	25			
	检查	5			
	评价	5			
	设计报告	10			
学习态度		5			

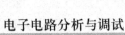

表 8-14　评分标准

学习情境 8：数字钟的设计与调试				
评价分类列表		比值	评分标准	得分
模块电路设计与调试		30	74LS290 计数器的应用设计 74LS161 计数器的应用设计 晶体振荡器与分频器的应用设计	
数字钟设计与调试	资讯	15	能尽可能全面地收集与学习情境相关的信息	
	决策计划	5	决策方案切实可行、实施计划周详实用	
	实施	25	掌握电路的分析、设计、组装调试等技能	
	检查	5	能正确分析故障原因并排除故障	
	评价	5	能对成果做出合理的评价	
	设计报告	10	按规范格式撰写设计报告	
学习态度		5	学习态度好，组织协调能力强，能组织本组进行积极讨论并及时分享自己的成果，能主动帮助其他同学完成任务	

课后思考与练习

一、选择题

1. 相同计数器的异步计数器和同步计数器相比，一般情况下（　　）。

A. 驱动方程简单　　　　　　　　B. 使用触发器个数少

C. 工作速度快　　　　　　　　　D. 以上都不对

2. n 级触发器构成的环形计数器，其有效循环的状态数是（　　）。

A. n 个　　　　　B. 2 个　　　　　C. 4 个　　　　　D. 6 个

3. 如图 8.34 所示波形是一个（　　）进制加法计数器的波形图。试问它有（　　）个无效状态。

A. 2　　　　　　　B. 4　　　　　　　C. 6　　　　　　　D. 12

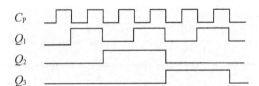

图 8.34　波形图

4. 设计计数器时应选用（　　）。

A. 边沿触发器　　　　　　　　　B. 基本触发器

C. 同步触发器　　　　　　　　　　　D. 施密特触发器

5. 一块 7490 十进制计数器中，它含有的触发器个数是（　　　）。

A. 4　　　　　　B. 2　　　　　　C. 1　　　　　　D. 6

6. n 级触发器构成的扭环形计数器，其有效循环的状态数是（　　　）。

A. $2n$ 个　　　　B. n 个　　　　C. 4 个　　　　D. 6 个

7. 时序逻辑电路中一定包含（　　　）。

A. 触发器　　　　B. 组合逻辑电路　　C. 移位寄存器　　D. 译码器

8. 用 n 个触发器构成计数器，可得到的最大计数长度为（　　　）。

A. 2^n　　　　　B. $2n$　　　　　C. n^2　　　　　D. n

9. 有一个移位寄存器，高位在左，低位在右，欲将存放在其中的二进制数乘上 $(4)_{10}$，则应将该寄存器中的数（　　　）。

A. 右移二位　　　B. 左移一位　　　C. 右移二位　　　D. 左移一位

10. 一位 8421BCD 码计数器至少需要（　　　）个触发器。

A. 4　　　　　　B. 3　　　　　　C. 5　　　　　　D. 10

11. 利用中规模集成计数器构成任意进制计数器的方法有（　　　）。

A. 复位法　　　　B. 预置数法　　　C. 级联复位法

12. 在移位寄存器中采用并行输出比串行输出　（　　　）。

A. 快　　　　　　B. 慢　　　　　　C. 一样快　　　　D. 不确定

13. 用触发器设计一个 24 进制的计数器，至少需要（　　　）个触发器。

A. 5　　　　　　B. 4　　　　　　C. 6　　　　　　D. 3

14. 时钟 RS 触发器的触发时刻为（　　　）。

A. CP＝0 期间　　　　　　　　　　B. CP＝1 期间

C. CP 上升沿　　　　　　　　　　D. CP 下降沿

15. 若有一个 N 进制计数器，用复位法可以构成 M 进制计数器，则 M（　　　）N。

A. ＜　　　　　　B. ＞　　　　　　C. ＝

16. 一个 4 位二进制码减法计数器的起始值为 1001，经过 100 个时钟脉冲作用之后的值为（　　　）。

A. 0101　　　　　B. 0100　　　　　C. 1101　　　　　D. 1100

二、填空题

1. 时序逻辑电路在结构上包含＿＿＿＿＿＿和＿＿＿＿＿＿两部分。

2. 时序逻辑电路的特点是，任意时刻的输出不仅取决于该时刻的＿＿＿＿＿，还与电路的＿＿＿＿＿有关。

3. 在同步计数器中，各触发器的 CP 输入端应接 ＿＿＿＿＿＿ 时钟脉冲。

4. 时序逻辑电路按照其触发器是否有统一的时钟控制分为＿＿＿＿＿时序逻辑电路和＿＿＿＿＿时序逻辑电路。

5. 某计数器的状态转换图如图所示，试问该计数器是一个＿＿＿＿＿进制＿＿＿＿＿法计数器，它有＿＿＿＿＿个有效状态，＿＿＿＿＿个无效状态，该电路＿＿＿＿＿自启动。若用 JK 触发器组成，至少要_____个 JK 触发器。

6. 要构成五进制计数器，至少需要_____个触发器，其无效状态有_____个。

7. 组合逻辑门电路在功能上的特点是任何时刻的输出状态直接是由_____与电路原来的状态_____。而时序电路的输出状态不仅与同一时刻的输入状态有关而且与电路的原状态有关。触发器实质上就是一种功能最简单的_____。

8. _____是对脉冲的个数进行计数，具有计数功能的电路。

9. N 位二进制计数器可累计脉冲最大数为_____；构成异步二进制计数器的触发器为_____触发器；如果由下降沿有效的触发器构成异步二进制加法计数器，其内部联接规律为_____；单纯四位扭环形移位寄存器最低位触发器的输入端与最高位的_____端相连。

三、判断题

1. 二进制加法计数器从 0 计数到十进制 24 时，需要 5 个触发器构成，有 7 个无效状态。 （ ）

2. 构成一个七进制计数器需要三个触发器。 （ ）

3. 当时序电路存在无效循环时该电路不能自启动。 （ ）

4. 构成一个七进制计数器需要三个触发器。 （ ）

5. 当时序电路存在无效循环时该电路不能自启动。 （ ）

6. 同步时序电路具有统一的时钟 CP 控制。 （ ）

7. 有 8 个触发器数目的二进制计数器，它具有 256 个计数状态。 （ ）

8. N 进制计数器可以实现 N 分频。 （ ）

四、设计题

1. 基于 555 定时器及同步计数器 74LS161 设计 YH – ZFZD – E2W 型消防应急灯手动月检检 120s 计时器。

2. 基于石英晶体多谐振荡器及异计数器 74LS290 设计 YH – ZFZD – E2W 型消防应急灯手动月检检 120s 计时器。

参 考 文 献

[1] 童诗白. 模拟电子技术基础[M]. 4 版. 北京：高等教育出版社，2010.

[2] 阎石. 数字电子技术基础[M]. 5 版. 北京：高等教育出版社，2006.

[3] 谢兰清，黎艺华. 数字电子技术项目教程[M]. 北京：电子工业出版社，2009.

[4] 华永平. 模拟电子技术与应用[M]. 北京：电子工业出版社，2010.

[5] 王丽. 模拟电子技术与实训[M]. 北京：清华大学出版社，2011.

[6] 余红娟，杨承毅. 电子电路分析与调试[M]. 北京：人民邮电出版社，2010.

北京大学出版社高职高专机电系列规划教材

序号	书号	书名	编著者	定价	印次	出版日期
		"十二五"职业教育国家规划教材				
1	978-7-301-24455-5	📖电力系统自动装置(第2版)	王 伟	26.00	1	2014.8
2	978-7-301-24506-4	📖电子技术项目教程(第2版)	徐超明	42.00	1	2014.7
3	978-7-301-24475-3	📖零件加工信息分析(第2版)	谢 蕾	52.00	1	2015.1
4	978-7-301-24227-8	📖汽车电气系统检修(第2版)	宋作军	30.00	1	2014.8
5	978-7-301-24589-7	📖光伏发电系统的运行与维护	付新春	30.00	1	2015.5
6	978-7-301-24507-1	📖电工技术与技能	王 平	42.00	1	2014.8
7	978-7-301-24648-1	📖数控加工技术项目教程(第2版)	李东君	64.00	1	2015.5
8	978-7-301-25341-0	📖汽车构造(上册)——发动机构造(第2版)	罗灯明	35.00	1	2015.5
9	978-7-301-24587-3	📖制冷与空调技术工学结合教程	李文森等	28.00	1	2015.5
10		📖汽车构造(下册)——底盘构造(第2版)	罗灯明			2015.5
11		📖光伏发电技术简明教程	静国梁			2015.5
12		📖电子EDA技术(Multisim)(第2版)	刘训非			2015.5
		机械类基础课				
1	978-7-301-13653-9	工程力学	武昭晖	25.00	3	2011.2
2	978-7-301-13574-7	机械制造基础	徐从清	32.00	3	2012.7
3	978-7-301-13656-0	机械设计基础	时忠明	25.00	3	2012.7
4	978-7-301-13662-1	机械制造技术	宁广庆	42.00	2	2010.11
5	978-7-301-19848-3	机械制造综合设计及实训	裴俊彦	37.00	1	2013.4
6	978-7-301-19297-9	机械制造工艺及夹具设计	徐 勇	28.00	1	2011.8
7	978-7-301-18357-1	机械制图	徐连孝	27.00	2	2012.9
8	978-7-301-18143-0	机械制图习题集	徐连孝	20.00	1	2013.4
9	978-7-301-15692-6	机械制图	吴百中	26.00	2	2012.7
10	978-7-301-22916-3	机械图样的识读与绘制	刘永强	36.00	1	2013.8
11	978-7-301-23354-2	AutoCAD应用项目化实训教程	王利华	42.00	1	2014.1
12	978-7-301-17122-6	AutoCAD机械绘图项目教程	张海鹏	36.00	3	2013.8
13	978-7-301-17573-6	AutoCAD机械绘图基础教程	王长忠	32.00	2	2013.8
14	978-7-301-19010-4	AutoCAD机械绘图基础教程与实训(第2版)	欧阳全会	36.00	3	2014.1
15	978-7-301-24536-1	三维机械设计项目教程(UG版)	龚肖新	45.00	1	2014.9
16	978-7-301-17609-2	液压传动	龚肖新	22.00	1	2010.8
17	978-7-301-20752-9	液压传动与气动技术(第2版)	曹建东	40.00	2	2014.1
18	978-7-301-13582-2	液压与气压传动技术	袁 广	24.00	5	2013.8
19	978-7-301-24381-7	液压与气动技术项目教程	武 威	30.00	1	2014.8
20	978-7-301-19436-2	公差与测量技术	余 健	25.00	1	2011.9
21	978-7-5038-4861-2	公差配合与测量技术	南秀蓉	23.00	4	2011.12
22	978-7-301-19374-7	公差配合与技术测量	庄佃霞	26.00	2	2013.8
23	978-7-301-13652-2	金工实训	柴增田	22.00	4	2013.1
24	978-7-301-13651-5	金属工艺学	柴增田	27.00	2	2011.6
25	978-7-301-17608-5	机械加工工艺编制	于爱武	45.00	2	2012.2
26	978-7-301-23868-4	机械加工工艺编制与实施(上册)	于爱武	42.00	1	2014.3
27	978-7-301-24546-0	机械加工工艺编制与实施(下册)	于爱武	42.00	1	2014.7
28	978-7-301-21988-1	普通机床的检修与维护	宋亚林	33.00	1	2013.1
29	978-7-5038-4869-8	设备状态监测与故障诊断技术	林英志	22.00	3	2011.8

序号	书号	书名	编著者	定价	印次	出版日期
30	978-7-301-22116-7	机械工程专业英语图解教程(第2版)	朱派龙	48.00	1	2013.9
31	978-7-301-23198-2	生产现场管理	金建华	38.00	1	2013.9
32	978-7-301-24788-4	机械CAD绘图基础及实训	杜洁	30.00	1	2014.9
		数控技术类				
1	978-7-301-17148-6	普通机床零件加工	杨雪青	26.00	2	2013.8
2	978-7-301-17679-5	机械零件数控加工	李文	38.00	1	2010.8
3	978-7-301-13659-1	CAD/CAM实体造型教程与实训(Pro/ENGINEER版)	诸小丽	38.00	4	2014.7
4	978-7-301-24647-6	CAD/CAM数控编程项目教程(UG版)(第2版)	慕灿	48.00	1	2014.8
5	978-7-5038-4865-0	CAD/CAM数控编程与实训(CAXA版)	刘玉春	27.00	3	2011.2
6	978-7-301-21873-0	CAD/CAM数控编程项目教程(CAXA版)	刘玉春	42.00	1	2013.3
7	978-7-5038-4866-7	数控技术应用基础	宋建武	22.00	2	2010.7
8	978-7-301-13262-3	实用数控编程与操作	钱东东	32.00	4	2013.8
9	978-7-301-14470-1	数控编程与操作	刘瑞已	29.00	2	2011.2
10	978-7-301-20312-5	数控编程与加工项目教程	周晓宏	42.00	1	2012.3
11	978-7-301-23898-1	数控加工编程与操作实训教程(数控车分册)	王忠斌	36.00	1	2014.6
12	978-7-301-20945-5	数控铣削技术	陈晓罗	42.00	1	2012.7
13	978-7-301-21053-6	数控车削技术	王军红	28.00	1	2012.8
14	978-7-301-17398-5	数控加工技术项目教程	李东君	48.00	1	2010.8
15	978-7-301-21119-9	数控机床及其维护	黄应勇	38.00	1	2012.8
16	978-7-301-20002-5	数控机床故障诊断与维修	陈学军	38.00	1	2012.1
		模具设计与制造类				
1	978-7-301-23892-9	注射模设计方法与技巧实例精讲	邹继强	54.00	1	2014.2
2	978-7-301-24432-6	注射模典型结构设计实例图集	邹继强	54.00	1	2014.6
3	978-7-301-18471-4	冲压工艺与模具设计	张芳	39.00	1	2011.3
4	978-7-301-19933-6	冷冲压工艺与模具设计	刘洪贤	32.00	1	2012.1
5	978-7-301-20414-6	Pro/ENGINEER Wildfire产品设计项目教程	罗武	31.00	1	2012.5
6	978-7-301-16448-8	Pro/ENGINEER Wildfire 设计实训教程	吴志清	38.00	1	2012.8
7	978-7-301-22678-0	模具专业英语图解教程	李东君	22.00	1	2013.7
		电气自动化类				
1	978-7-301-18519-3	电工技术应用	孙建领	26.00	1	2011.3
2	978-7-301-17569-9	电工电子技术项目教程	杨德明	32.00	3	2014.8
3	978-7-301-22546-2	电工技能实训教程	韩亚军	22.00	1	2013.6
4	978-7-301-22923-1	电工技术项目教程	徐超明	38.00	1	2013.8
5	978-7-301-12390-4	电力电子技术	梁南丁	29.00	3	2013.5
6	978-7-301-17730-3	电力电子技术	崔红	23.00	1	2010.9
7	978-7-301-19525-3	电工电子技术	倪涛	38.00	1	2011.9
8	978-7-301-24765-5	电子电路分析与调试	毛玉青	35.00	1	2015.3
9	978-7-301-16830-1	维修电工技能与实训	陈学平	37.00	1	2010.7
10	978-7-301-12180-1	单片机开发应用技术	李国兴	21.00	2	2010.9
11	978-7-301-20000-1	单片机应用技术教程	罗国荣	40.00	1	2012.2
12	978-7-301-21055-0	单片机应用项目化教程	顾亚文	32.00	1	2012.8
13	978-7-301-17489-0	单片机原理及应用	陈高锋	32.00	1	2012.9
14	978-7-301-24281-0	单片机技术及应用	黄贻培	30.00	1	2014.7
15	978-7-301-22390-1	单片机开发与实践教程	宋玲玲	24.00	1	2013.6
16	978-7-301-17958-1	单片机开发入门及应用实例	熊华波	30.00	1	2011.1

序号	书号	书名	编著者	定价	印次	出版日期
17	978-7-301-16898-1	单片机设计应用与仿真	陆旭明	26.00	2	2012.4
18	978-7-301-19302-0	基于汇编语言的单片机仿真教程与实训	张秀国	32.00	1	2011.8
19	978-7-301-12181-8	自动控制原理与应用	梁南丁	23.00	3	2012.1
20	978-7-301-19638-0	电气控制与PLC应用技术	郭 燕	24.00	1	2012.1
21	978-7-301-18622-0	PLC与变频器控制系统设计与调试	姜永华	34.00	1	2011.6
22	978-7-301-19272-6	电气控制与PLC程序设计(松下系列)	姜秀玲	36.00	1	2011.8
23	978-7-301-12383-6	电气控制与PLC(西门子系列)	李 伟	26.00	2	2012.3
24	978-7-301-18188-1	可编程控制器应用技术项目教程(西门子)	崔维群	38.00	2	2013.6
25	978-7-301-23432-7	机电传动控制项目教程	杨德明	40.00	1	2014.1
26	978-7-301-12382-9	电气控制及PLC应用(三菱系列)	华满香	24.00	2	2012.5
27	978-7-301-22315-4	低压电气控制安装与调试实训教程	张 郭	24.00	1	2013.4
28	978-7-301-24433-3	低压电器控制技术	肖朋生	34.00	1	2014.7
29	978-7-301-22672-8	机电设备控制基础	王本轶	32.00	1	2013.7
30	978-7-301-18770-8	电机应用技术	郭宝宁	33.00	1	2011.5
31	978-7-301-23822-6	电机与电气控制	郭夕琴	34.00	1	2014.8
32	978-7-301-17324-4	电机控制与应用	魏润仙	34.00	1	2010.8
33	978-7-301-21269-1	电机控制与实践	徐 锋	34.00	1	2012.9
34	978-7-301-12389-8	电机与拖动	梁南丁	32.00	2	2011.12
35	978-7-301-18630-5	电机与电力拖动	孙英伟	33.00	1	2011.3
36	978-7-301-16770-0	电机拖动与应用实训教程	任娟平	36.00	1	2012.11
37	978-7-301-22632-2	机床电气控制与维修	崔兴艳	28.00	1	2013.7
38	978-7-301-22917-0	机床电气控制与PLC技术	林盛昌	36.00	1	2013.8
39	978-7-301-18470-7	传感器检测技术及应用	王晓敏	35.00	2	2012.7
40	978-7-301-20654-6	自动生产线调试与维护	吴有明	28.00	1	2013.1
41	978-7-301-21239-4	自动生产线安装与调试实训教程	周 洋	30.00	1	2012.9
42	978-7-301-18852-1	机电专业英语	戴正阳	28.00	2	2013.8
43	978-7-301-24589-7	光伏发电系统的运行与维护	付新春	30.00	1	2014.8
44	978-7-301-24764-8	FPGA应用技术教程(VHDL版)	王真富	38.00	1	2015.2
		汽车类				
1	978-7-301-17694-8	汽车电工电子技术	郑广军	33.00	1	2011.1
2	978-7-301-19504-8	汽车机械基础	张本升	34.00	1	2011.10
3	978-7-301-19652-6	汽车机械基础教程(第2版)	吴笑伟	28.00	2	2012.8
4	978-7-301-17821-8	汽车机械基础项目化教学标准教程	傅华娟	40.00	2	2014.8
5	978-7-301-19646-5	汽车构造	刘智婷	42.00	1	2012.1
6	978-7-301-13660-7	汽车构造(上册)——发动机构造	罗灯明	30.00	2	2012.4
7	978-7-301-17532-3	汽车构造(下册)——底盘构造	罗灯明	29.00	2	2012.9
8	978-7-301-13661-4	汽车电控技术	祁翠琴	39.00	6	2015.2
9	978-7-301-19147-7	电控发动机原理与维修实务	杨洪庆	27.00	1	2011.7
10	978-7-301-13658-4	汽车发动机电控系统原理与维修	张吉国	25.00	2	2012.4
11	978-7-301-18494-3	汽车发动机电控技术	张 俊	46.00	2	2013.8
12	978-7-301-21989-8	汽车发动机构造与维修(第2版)	蔡兴旺	40.00	1	2013.1
14	978-7-301-18948-1	汽车底盘电控原理与维修实务	刘映凯	26.00	1	2012.1
15	978-7-301-19334-1	汽车电气系统检修	宋作军	25.00	2	2014.1
16	978-7-301-23512-6	汽车车身电控系统检修	温立全	30.00	1	2014.1
17	978-7-301-18850-7	汽车电器设备原理与维修实务	明光星	38.00	2	2013.9
18	978-7-301-20011-7	汽车电器实训	高照亮	38.00	1	2012.1
19	978-7-301-22363-5	汽车车载网络技术与检修	闫炳强	30.00	1	2013.6
20	978-7-301-14139-7	汽车空调原理及维修	林 钢	26.00	3	2013.8

序号	书号	书名	编著者	定价	印次	出版日期
21	978-7-301-16919-3	汽车检测与诊断技术	娄 云	35.00	2	2011.7
22	978-7-301-22988-0	汽车拆装实训	詹远武	44.00	1	2013.8
23	978-7-301-18477-6	汽车维修管理实务	毛 峰	23.00	1	2011.3
24	978-7-301-19027-2	汽车故障诊断技术	明光星	25.00	1	2011.6
25	978-7-301-17894-2	汽车养护技术	隋礼辉	24.00	1	2011.3
26	978-7-301-22746-6	汽车装饰与美容	金守玲	34.00	1	2013.7
27	978-7-301-17079-3	汽车营销实务	夏志华	25.00	3	2012.8
28	978-7-301-19350-1	汽车营销服务礼仪	夏志华	30.00	3	2013.8
29	978-7-301-15578-3	汽车文化	刘 锐	28.00	4	2013.2
30	978-7-301-20753-6	二手车鉴定与评估	李玉柱	28.00	1	2012.6
31	978-7-301-17711-2	汽车专业英语图解教程	侯锁军	22.00	5	2015.2
电子信息、应用电子类						
1	978-7-301-19639-7	电路分析基础(第2版)	张丽萍	25.00	1	2012.9
2	978-7-301-19310-5	PCB板的设计与制作	夏淑丽	33.00	1	2011.8
3	978-7-301-21147-2	Protel 99 SE 印制电路板设计案例教程	王 静	35.00	1	2012.8
4	978-7-301-18520-9	电子线路分析与应用	梁玉国	34.00	1	2011.7
5	978-7-301-12387-4	电子线路CAD	殷庆纵	28.00	4	2012.7
6	978-7-301-12390-4	电力电子技术	梁南丁	29.00	2	2010.7
7	978-7-301-17730-3	电力电子技术	崔 红	23.00	1	2010.9
8	978-7-301-19525-3	电工电子技术	倪 涛	38.00	1	2011.9
9	978-7-301-18519-3	电工技术应用	孙建领	26.00	1	2011.3
10	978-7-301-22546-2	电工技能实训教程	韩亚军	22.00	1	2013.6
11	978-7-301-22923-1	电工技术项目教程	徐超明	38.00	1	2013.8
12	978-7-301-17569-9	电工电子技术项目教程	杨德明	32.00	3	2014.8
14	978-7-301-17712-9	电子技术应用项目式教程	王志伟	32.00	2	2012.7
15	978-7-301-22959-0	电子焊接技术实训教程	梅琼珍	24.00	1	2013.8
16	978-7-301-17696-2	模拟电子技术	蒋 然	35.00	1	2010.8
17	978-7-301-13572-3	模拟电子技术及应用	刁修睦	28.00	3	2012.8
18	978-7-301-18144-7	数字电子技术项目教程	冯泽虎	28.00	1	2011.1
19	978-7-301-19153-8	数字电子技术与应用	宋雪臣	33.00	1	2011.9
20	978-7-301-20009-4	数字逻辑与微机原理	宋振辉	49.00	1	2012.1
21	978-7-301-12386-7	高频电子线路	李福勤	20.00	3	2013.8
22	978-7-301-20706-2	高频电子技术	朱小祥	32.00	1	2012.6
23	978-7-301-18322-9	电子EDA技术(Multisim)	刘训非	30.00	2	2012.7
24	978-7-301-14453-4	EDA技术与VHDL	宋振辉	28.00	2	2013.8
25	978-7-301-22362-8	电子产品组装与调试实训教程	何 杰	28.00	1	2013.6
26	978-7-301-19326-6	综合电子设计与实践	钱卫钧	25.00	2	2013.8
27	978-7-301-17877-5	电子信息专业英语	高金玉	26.00	2	2011.11
28	978-7-301-23895-0	电子电路工程训练与设计、仿真	孙晓艳	39.00	1	2014.3
29	978-7-301-24624-5	可编程逻辑器件应用技术	魏 欣	26.00	1	2014.8

相关教学资源如电子课件、电子教材、习题答案等可以登录 www.pup6.cn 下载或在线阅读。

扑六知识网(www.pup6.cn)有海量的相关教学资源和电子教材供阅读及下载(包括北京大学出版社第六事业部的相关资源),同时欢迎您将教学课件、视频、教案、素材、习题、试卷、辅导材料、课改成果、设计作品、论文等教学资源上传到 pup6.cn,与全国高校师生分享您的教学成就与经验,并可自由设定价格,知识也能创造财富。具体情况请登录网站查询。

如您需要免费纸质样书用于教学,欢迎登录第六事业部门户网(www.pup6.cn)填表申请,并欢迎在线登记选题以到北京大学出版社来出版您的大作,也可下载相关表格填写后发到我们的邮箱,我们将及时与您取得联系并做好全方位的服务。

扑六知识网将打造成全国最大的教育资源共享平台,欢迎您的加入——让知识有价值,让教学无界限,让学习更轻松。 联系方式:010-62750667,329056787@qq.com,欢迎来电来信。